Hanging
KOKEDAMA

코케다마

Hanging
KOKEDAMA

플랜테리어의 시작, 수태 볼 만들기

코케다마

코랄리 파커 지음 | 라니 니콜슨 사진 | 김유라 옮김

BOOKERS

CONTENTS

WHAT IS
KOKEDAMA?
코케다마란 무엇인가?

우리나라에서는 '수태 볼', '행잉 볼', '이끼 볼' 등으로 불리는 코케다마는 일본에서 시작된 분재 양식으로, 전용 배합토와 이끼, 끈을 이용하여 화분 없이 재배하는 식물을 뜻한다.

코케다마에서 엿볼 수 있는 야생미와 절제미의 균형은 '불완전함에서 아름다움을 찾는다'는 점에서 무척 매력적이다. 또한 코케다마에서는 분재의 매력적인 요소를 모두 찾을 수 있으며, 접근성이 매우 높다는 것도 장점이다.

코케다마를 만드는 것처럼 최소한의 재료를 활용하고 그 과정에서 재료 자체를 자연스럽게 드러내는 방식의 디자인이 점점 더 인기를 얻고 있다. 투박함에서 아름다움을 찾는 사람들이 늘어나면서 집 안에서도 불필요한 잡동사니를 없애려는 움직임이 커지고 있는 것도 사실이다. 자연에서 온 소재를 직접 만지고 접촉하는 것은 우리에게 토양을 제공하며,

코케다마 만들기는 이런 점에서 매우 보람 있는 작업이기도 하다.

코케다마를 포장하고 고정하는 행위 역시 명상적인 면이 있다. 포장을 위해서는 양손을 동시에 각각 독립적으로 움직여야 하는데, 코케다마를 만들면서 다른 생각을 하기란 어렵다. 그 순간에 완전히 몰입할 수밖에 없는데, 노끈을 이용해 사물을 고정할 때면 구형 물체에 끈을 반복적으로 감는다는 미묘하고도 명상적인 동작이 안정감을 주면서 거의 빨려들 듯이 하도록 만든다.

많은 아마추어 코케다마 아티스트들이 코케다마 만들기를 통해 일터에서의 바쁜 하루를 마무리하며 긴장을 풀거나 인

생에서 특히 정신없는 시간을 매듭짓는다. 코케다마를 만드는 이 행위는 만드는 사람의 에너지를 몸과 자아 속으로 다시 흘려보냄으로써 고요함과 평온을 주는 작은 휴식처를 제공할 것이다.

7p: '잭'이라 불리는 개가 사랑초로 만든 코케다마를 물끄러미 바라보고 있다.

7

코케다마란 무엇인가?

코케다마는 뿌리가 드러난 식물에서 아름다움을 찾는 일본의 분재 양식인 네아라이根洗い에서 발전한 것이다. 일반적으로는 뿌리가 화분 내부를 완전히 채울 때까지 길러서 식물을 해치지 않고도 화분에서 들어내어 장식할 수 있게 만든다. 이 과정에서 뿌리가 마르거나 노화하는 것을 막기 위해 이끼를 덮어 보호한다.

전통적인 형태의 코케다마는 피트peat와 적옥토를 섞어 동그랗게 반죽해서 만든다. 이것을 반으로 갈라 속을 파낸 후, 수태(물이끼)로 뿌리를 감싼 작은 식물을 파낸 곳에 넣고 다시 합친다. 때로는 겉면에 풀을 심거나 거친 야생 털이끼를 감싸기도 한다.

요즘에는 적옥토를 이용하지 않는 경우도 많다. 가장 간단한 방법은 그냥 뿌리와 흙을 두꺼운 물이끼로 감싸는 것이다. 이렇게 하면 수분을 머금을 수 있어 필요한 물의 양을 줄일 수 있다. 이끼는 빽빽한 스펀지와 같아서, 물을 많이 머금을 수 있고 머금은 물은 천천히 뿌리를 통해 흡수시킬 수 있다. 화분에서 식물을 기를 때처럼 흙이 마를 일이 없는 것이다.

화분에서 키우는 식물과 코케다마의 본질적인 차이는 뿌리의 반응에 있다. 식물의 뿌리는 기본적으로 물을 찾는다. 그리고 뿌리의 활동은 둘 중 하나다. 물이 있으면 생장하고, 물이 없으면 생장하지 않는다.

화분에서 키우는 식물은 뿌리가 늘 물을 접할 수 있으므로 생장을 멈추지 않는다. 화분 안쪽에서 끊임없이 자라다가 결국 수분이나 영양분이 침투할 수 없게 될 때 멈춘다. 그러나 코케다마의 경우 공의 표면을 차지하는 뿌리는 공기와 접촉한다. 공기가 건조하면 뿌리가 자라지 않는다. 물을 찾기 위해 길고 두꺼운 뿌리를 길러내는 대신 수태 볼 안쪽에서 수많은 미세한 뿌리를 뻗는 것이다.

나무의 경우, 식물의 지붕 크기는 뿌리의 양에 따라 결정된다. 그리고 뿌리의 양은 공의 크기로 결정되므로, 만일 공이 작으면 나무는 흙에서 자라는 것보다 작은 크기로 유지될 것이다.

식물을 사람처럼 생각하면, 즉 친구나 반려동물을 사랑하듯이 보살핀다면 코케다마를 더 잘 관리할 수 있고 코케다마로부터 얻는 즐거움도 커질 것이다. 자신이 기르는 식물에 대해 지식을 갖추자. 또 식물에게 아무것도 해주지 않으면서 식물이 나에게 무언가를 돌려줄 거라고 생각하지는 말자. 모든 관계는 주고받기에 달렸다. 식물이 필요로 하는 관심을 줄 때 비로소 식물들은 아름답고 푸르른 모습으로 보답할 것이다. 그들은 기꺼이 평온과 평화로 당신의 삶을 채워 주리라.

9p: 부엌에서 시간을 보내는 싱고니움 포도필룸

Curating kokedama
공간에 어울리는 코케다마 고르고 배치하기

코케다마의 미의식은 언제나 '덜한 것이 더 좋다less is more'에 있다. 조잡하게 여러 요소들을 함께 배치하여 코케다마를 과잉 장식하지는 말자. 아름다운 예술 작품처럼 배치하면 된다.

코케다마는 매우 다채롭기 때문에 주어진 공간에 맞춰 크기, 모양, 색상을 다양하게 만들 수 있다.

천장에 매달린 코케다마는 공간에 깊이와 질감을 더해준다. 공중에 매달려 있으므로 손쉽게 위치와 높이를 조정하여 인테리어 효과를 높일 수 있다.

쓸모없어 보이는 공간 구석에는 초록으로 뒤덮인 코케다마로 부드러움과 청정함을 더하자.

가까이 두고 볼 수 있는 공간에는 작고 섬세한 코케다마를 배치하며, 다른 오브제에 가려 빛을 잃지 않도록 한다.

드라마틱한 인상을 주려면 부드러운 질감의 배경에 크고 무성한 녹엽을 배치한다. 넓고 텅 빈 배경에는 섬세한 나뭇가지와 잎을 사용하여 디테일을 살려 보자. 코케다마의 높이를 조정하여 원하는 곳으로 시선이 향하도록 할 수 있다.

대비되는 느낌과 시각적 효과를 높이기 위해서는 작고 앙증맞은 식물과 대형 무채색 오브제를 결합해 본다.

코케다마의 수분이 벽을 손상시킬 수 있으므로 벽 쪽에 설치할 때는 주의해야 한다. 표면이 다공질인 경우 코케다마가 접촉하는 곳에 곰팡이가 발생할 위험이 있으므로 벽면 접촉부에서 튀어 나온 후크 또는 걸이를 사용하도록 하자.

햇빛의 양이 적합한지도 확인하자. 실내 식물은 직사광선에 약한 경우가 많다. 그렇다고 어두운 곳을 선호한다는 의미는 아니다. 오히려 밝은 빛이 충분히 필요하다. 방에 들어오는 햇빛이 미치는 영역 위쪽 혹은 바깥쪽에 식물이 배치되도록 조절한다.

11p: 단일한 면에 여러 선인장 코케다마를 함께 배치하면 효과를 극대화할 수 있다. 12-13p: '코코'라는 이름의 개가 두 개의 시클라멘, 옥살리스, 콜로카시아 아래 누워 휴식을 즐기고 있다.

HOW TO MAKE KOKEDAMA

코케다마 만들기

코케다마는 제대로만 배우면 쉽게 잘 만들 수 있는 작업이다.

손은 조금 더러워질 수 있지만, 연습을 꾸준히 한다면

아름다운 코케다마를 완성할 수 있어 취미로 삼기에 더할 나위 없다.

무엇인가를 만들고자 할 때, 선택지가 너무 많으면 시작부터 지치기 쉽다. 작은 것부터 차근차근 시작해서 자신감을 키워 나가자. 처음 배울 때는 손에 쉽게 들어갈 수 있는 크기로 만드는 것이 가장 좋다. 다육식물처럼 작고 손이 덜 가는 것으로 시작하고, 익숙해지면 더 크고 더 까다로운 식물에 도전하자.

가장 중요하게 고려할 것은 코케다마를 키울 공간이다. 이 공간에 대해 충분히 알아야 식물을 잘 선택할 수 있기 때문이다. 선인장의 경우 높은 온도와 일조량이 좋은 곳을 선호하지만, 양치식물은 햇빛의 양이 적고 낮은 온도를 좋아한다.

선택한 식물의 유형에 따라 포장재도 달라진다. 미적 측면뿐만 아니라 선택한 포장 섬유의 수명도 고려해야 한다. 천연 섬유는 시간이 지나면서 조금씩 해지기 때문에 결국 교체하거나 제거해야 할 수도 있다.

여러 방의 레이아웃을 스케치하고 코케다마를 그려 넣어 어떻게 보일지 상상해 보자. 여러 식물로 만든 코케다마를 스케치하며 최종 결과물이 어떠할지도 생각해 보자.

코케다마 만들기는 꽤나 지저분한 작업이다. 물에 담근 이끼는 작업 공간에 웅덩이를 만들고, 물을 뚝뚝 떨어뜨려 어지럽힐 것이다. 용토를 배합하려면 다양한 재료를 계량하고 혼합해야 한다. 야외 활동까지는 아니어도 집 안에서 하려면 이에 상응하는 준비를 해야 한다. 필요한 모든 재료를 정해진 작업 공간에 갖다 놓자. 장갑을 낄 필요는 없다. 오히려 이끼 볼을 포장하고 모양을 잡는 데 방해가 될 수도 있기 때문이다. 유해 물질이 염려된다면 유기농 재료인지 확인하자. 천연 재료를 만지는 것도 코케다마 만들기의 장점이다.

15p: 오후의 햇빛에 몸을 적시는 에케베리아 엘레강스

14

Tools for the job
작업에 필요한 도구

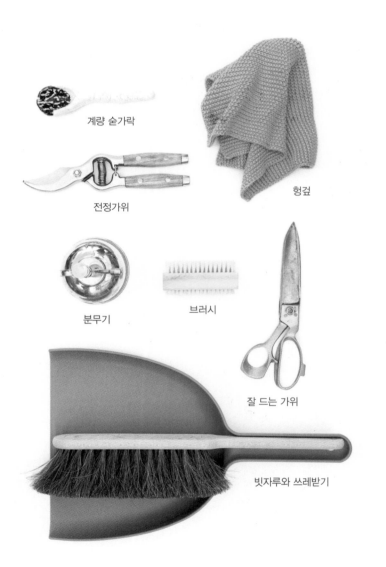

계량 숟가락

전정가위

헝겊

분무기

브러시

잘 드는 가위

빗자루와 쓰레받기

코케다마를 만드는 것은 어렵지 않다. 필요한 재료를 갖춘다면, 작업은 더욱 쉽고 즐거울 것이다.

시작하기

작업하기 편한 공간

물이 떨어져도 상관없는 공간에서 작업하거나 방수가 되는 깔개, 행주, 종이 등을 준비한다. 테이블이 방수가 되지 않는 경우에는 랩이나 왁스 종이로 덮자.

흙을 섞고 양을 측정하기 위한 숟가락과 그릇

흙과 식물을 담을 전용 그릇과 숟가락을 준비하고, 식기와 섞이지 않도록 보관한다. 그릇의 크기가 만들려는 코케다마 레시피에 적합한지도 확인하자.

끈을 자를 가위

날카롭고 견고한 가위를 준비하자.

17p: 다양한 포장 재료와 코케다마를 매달기 위한 노끈, 후크, 체인

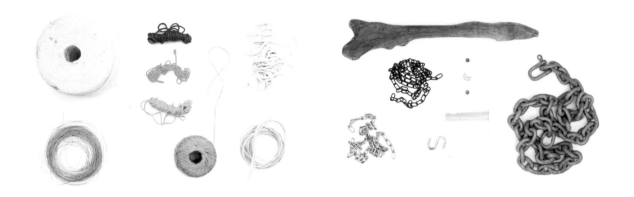

행주

흙을 다루는 작업이므로 전용 행주를 준비하자. 주방 행주와 별도로 보관한다.

마무리를 위한 쓰레받기와 빗자루

아무리 조심해도 어느 정도는 더러워질 것에 대비한다.

손톱에 낀 흙을 정리할 네일 브러시

자연을 경험하고 자연과 교감하는 일은 신성하지만, 손톱에 흙이 잔뜩 긴 채로 나다니는 것은 사람들에게 불쾌감을 준다.

식물의 잎을 닦아줄 분무기

코케다마를 완성하고 나면 아마도 식물의 잎이나 공에 먼지나 기타 이물질이 붙어있을 것이다.

가지치기와 모양을 잡기 위한 전정가위

날카로운 전정가위는 식물을 깨끗하고 정확하게 잘라내기 위해 필요하다. 무디거나 지저분한 날을 사용하는 것은 식물에 상처를 내어 질병이나 감염을 일으킬 수 있다.

포장재 선택하기

사용하는 끈의 종류는 코케다마로 만들 식물에 따라 달라진다. 천연 섬유는 시간이 지나면서 분해되기 마련이다. 수분과 접촉하면 썩을 수도 있다. 끈이 갈라져 끊어지는 속도와 식물의 뿌리가 자라는 속도가 얼추 맞아떨어질 경우. 끈이 썩어 끊어질 무렵이면 뿌리의 힘으로도 공을 지탱할 수 있게 된다. 양치식물처럼 항상 젖어 있는 식물은 수분 때문에 천연 섬유가 매우 빨리 끊어질 수 있으므로 분해되지 않는 합성 섬유를 써야 한다. 한 가지만 쓸 필요는 없다. 먼저 나일론 끈을 감은 다음 취향에 맞게 천연 노끈으로 덮어 원하는 미감을 살릴 수도 있다. 좀 더 인더스트리얼한 느낌을 원한다면 부드러운 철사를 이용하는 것도 방법이다.

매다는 방식 정하기

코케다마를 매다는 방식은 무한에 가깝다. 가장 쉬운 방법은 벽이나 천장에 후크를 부착하여 매다는 것이다. 벽에 후크 두 개를 박고 그 사이를 체인으로 연결한 다음, 체인에 코케다마를 매달면 된다. 또는 햇볕이 잘 드는 벽에 후크를 고정하고 수평으로 가지를 뻗어 거기에 코케다마를 매달아도 된다. 혹은 창을 가로지르는 봉이나 막대기를 설치하고 여기에 S자 후크나 고리, 노끈, 철사를 이용해 다양한 코케다마를 매달아도 된다. 이 방식은 물 주기가 쉽다는 장점이 있다. 코케다마 공 주위에 고리를 만들거나 삼면에 끈을 매단다. 또는 포장 끈을 따라 후크를 끼워 넣어도 된다. 커튼에 사용되는 소형 S자 후크는 실루엣을 망치지 않으면서도 코케다마를 가느다란 체인에 매달 수 있는 좋은 방법이다.

Soil ingredients
용토 재료

용토 재료를 고르는 것은 코케다마를 만드는 데 있어서 가장 중요한 부분이다. 식물을 이끼로 감싸는 일은 간단해 보이지만, 식물이 수년 동안 행복하게 살 집을 만들어준다고 하면 그렇게 쉽게 느껴지지 않는다.

수태(물이끼)

두꺼운 수태는 흙과 뿌리를 건강하게 유지하는 데 매우 중요하다. 이끼의 층이 너무 얇으면 흙의 습기가 화분에서 보다 훨씬 빠르게 말라버려, 계속해서 물을 줘야 한다. 이것은 적절히 관리해야 하는 당신에게도 힘든 일이지만 건조한 상태와 습한 상태를 빠르게 오고가야 하는 식물에게도 매우 큰 스트레스다.

코코넛 껍질 조각

조각 난 코코넛 껍질로 만든 이것은 코코넛 오일 산업의 부산물로 경제적인 재료이다. 다공성이 매우 높고 긴 시간 동안 동일한 구조를 유지하는 장점이 있다. 따라서 뿌리 주변에 공간과 공기가 필요하고 축축한 상태로 습도를 유지해야 하는 착생식물에 적합하다.

코코넛 섬유

이것은 코코넛의 겉껍질과 단단한 속껍질 사이에서 추출된다. 잦은 물 공급이나 습도 변화를 싫어하는 일부 식물은 이끼의 층 밖에 코코넛 섬유의 층을 하나 더 만들어주면 공기 흐름을 방해하지 않으면서 공 내부의 습도를 유지시킬 수 있다. 끈의 형태와 매트의 형태로 시중에 판매된다.

코이어

코코넛 섬유를 추출하여 남은 코이어 먼지는 블록으로 가공하여 피트 모스의 대체 물질로 사용된다. 코이어는 물을 유지하고 천천히 방출하므로 습한 환경을 좋아하는 식물에 이상적이다. 물 주기 사이에 습도가 너무 많이 변하지 않도록 완충준다.

퇴비

많은 식물은 유기물이 분해되고 그 과정에서 생기는 모든 자연적인 활동에 의존해서 살아간다. 특히 나무, 과일, 꽃을 위한 성장촉진제로서 시판되는 배합토에 퇴비를 추가하면 좋다. 다만 이것은 처음 1년 동안에만 적합하므로 그 후에는 액체 비료를 공급해야 한다.

워터 크리스탈

고흡수성 결정체는 그 무게의 100배 이상의 물을 빨아들일 수 있다. 따라서 이 예쁜 크리스탈은 공 안에서 초소형 저수지 역할을 하는 셈이다. 배합토에 첨가하기 전에 먼저 물에 담가 두자.

펄라이트

어떤 식물은 물에 항상 젖어 있는 것을 좋아하지 않기 때문에 물 주기 사이에 흙이 완전히 마르도록 해 주는 것이 좋다. 펄라이트는 다공성 중성 물질로 수분을 머금지 않는다. 물을 아래쪽으로 배수하여 흙이 마를 수 있게 하고 작은 공기 주머니를 만들어준다.

완효성 유기질 비료

이것은 식물이 코케다마를 안락한 집으로 여길 수 있게 도울 것이다. 꾸준한 수분과 양분이 제공된다면, 식물은 다른 영양소를 필요로 하지 않고 공 안쪽에서 뿌리를 뻗을 것이다. 다만 주기적으로 양분을 추가해 줄 필요는 있다.

코코넛 섬유

말린 물이끼

비료

워터 크리스탈

퇴비

코코넛 껍질 조각

펄라이트

코이어

Wrapping

포장

작업에 필요한 모든 재료를 준비한다. 더러워져도 상관없거나 치우기 쉬운 공간을 확보한다. 작업할 테이블 아래 에 보호 시트를 깔면 미세한 부산물로 부터 보호할 수 있다.

이끼의 두께

수분 증발을 막을 수 있을 만큼의 두꺼운 이끼로 감싸주는 것이 중요하다. 이끼의 층이 너무 얇은 경우, 이끼 표면이 마르면서 흙에서 수분을 빨아들일 수 있다. 두꺼운 이끼의 층은 장벽을 제공하고 안쪽의 수분을 유지시킨다.

포장 스타일

코케다마를 처음 배울 때 흔히 선택하는 방식은 '무작위로, 균일하게' 이다. 즉, 끈이 공의 표면 전체를 균일하게 덮을 수 있도록 감으면서 특정한 패턴을 따르지는 않는 것이다. 포장에는 많은 변형이 있으며, 상상할 수 있는 모든 것이 허락된다. 시도해 볼 수 있는 쉬운 방법은 '2-7 기술'이다. 먼저 코케다마를 '시계판'이라고 상상해보자. 2시 방향에서 시작하여 7시 방향으로 감아준다. 공을 살짝 돌려준 후, 이를 계속 반복한다. 이렇게 하면 대칭적인 패턴으로 감을 수 있다.

20p: 물에 적신 마른 이끼와 아마섬유 노끈으로 포장한 시클라멘

1. 화분에서 식물을 들어내고 엉킨 뿌리를 조심스럽게 풀어준다. 많은 식물들은 뿌리를 과하게 손질하면 손상을 입기 쉽다.

2. 물에 흠뻑 적신 이끼를 작업대 위에 올리고 고기 패티를 다지 듯이 원반형으로 모양을 잡는다. 손바닥으로 이끼를 눌러 팬케 이크처럼 압축한다. • TIP: 물이 흘러나와 지저분해 질 수 있으 니 이에 대비한다.

3. 이끼 팬케이크에 흙으로 감싼 식물을 올려놓는다. • TIP: 평평 한 이끼 중앙에 둔다.

4. 선택한 식물에 적합한 흙을 혼합한다. 이 배합토를 식물에 첨 가한다. • TIP: 배합토가 남았다면 다음에 사용할 수 있도록 밀 폐 용기에 보관한다.

5. 이끼 팬케이크의 양 옆으로 손을 밀어넣어 타코를 만들 듯 위로 접어 올려 뿌리 공을 감싼다. 나머지 이끼들도 모아 뿌리 공과 흙을 완전히 덮어준다.

6. 이끼가 공 전체를 덮을 수 있도록 꾹꾹 눌러 압축해준다. • **TIP:** 이제 어느 정도 압력을 가해도 식물은 손상되지 않으므로 주저하지 말고 꾹꾹 눌러주자. 이끼의 모양을 확실히 잡으면 다음 단계가 한결 수월해진다.

7. 끈의 한쪽 끝을 잡고 공의 중심에 한 번 감아준다. 매듭을 지어 이곳을 기준으로 삼아 끈을 감는다. • **TIP:** 공을 반으로 갈라내지 않는 선에서 최대한 단단히 묶는다. 망설이지 말자.

8. 위쪽과 아래쪽, 그 어느 쪽으로도 끈을 감을 수 있도록 공을 살짝 기울여 들어준다. • **TIP:** 예쁘게 보이지 않아도 된다. 모양이 풀어지지 않도록 하는 것이 중요하다.

9. '무작위로, 균등하게' 끈을 공 둘레에 감아준다. • **TIP:** 끈에 단
단한 압력을 가하고 장력을 유지한다. 끈을 감으면서 동시에
이끼를 더욱 압축해준다. • **TIP:** 공을 기울일 때 잎이 상하지 않
도록 테이블 가장자리에서 이 작업을 한다.

10. 단단히 누르고 공을 앞뒤로 굴려 둥글게 만든다. 전체적으로
주물러 모양을 잡는다. • **TIP:** 이 작업은 끈 감기가 완전히 끝
났을 때만 한다. 그렇지 않으면 끈이 푹 젖고 흐트러질 수 있
다. • **TIP:** 모양을 유지하려면 끈을 더 많이 감아준다.

11. 날을 펴지 않은 가위 끝으로 끈의 가장자리를 눌러 공 안쪽으
로 밀어넣는다. • **TIP:** 끈을 공에 감은 것과 반대 방향으로 찔
러넣어 고정시킨다.

12. 공에서 삐져나온 털이나 풀린 이끼 등을 다듬어준다.

Sheet moss
시트 모스 기법

풍성한 초록이 가득한 코케다마를 만들고 싶다면, 빠르고 간단하게 효과를 볼 수 있는 이 방법을 사용해보자. 싱그러운 녹색의 시트 모스는 시간이 지날수록 점점 자라나 실외에 둔 코케다마를 덮을 것이다. 만일 코케다마를 실외에 둘 수 없는 상황이거나 곧바로 완성품을 얻기를 원한다면, 계속 읽어보라.

일단 코케다마를 만들면 그 표면에 녹색 이끼를 부착할 수 있다. 허락을 받고 야생에서 수집한 것이든 꽃집에서 구입한 것이든 이끼를 큼지막하게 한 장(시트) 준비하자. 시트 모스는 전체 공을 덮을 만큼 충분히 커야 한다. 시트 모스를 크게 한 장 사용할 수 없다면 몇 개의 작은 시트들을 활용할 수도 있지만 좀 더 까다로운 작업이 된다.

반드시 기억해야 할 사항은 이끼를 어디서 구했든 성장 조건을 어느 정도 유지해

줄 필요가 있다는 사실이다. 일반적으로 이끼는 서늘한 기온, 높은 습도, 가뭄에 취약하므로 보호가 필요하다. 열에도 몹시 예민하여 금방 화상을 입는다. 서늘하고 습도 높은 환경에서 자란 야생 이끼를 모아서 따뜻한 난로 옆에 놓는다면 그 결과는 쉬이 짐작할 수 있을 것이다.

또한 이끼는 그것이 부착된 표면과 최대한 많이 접촉해야 하므로 꼼꼼하고 단단하게 붙어 있는지 확인하자. 이끼 시트 아래로 공기가 들어간다면 이끼는 말라버리고 푸른 색조도 유지할 수 없게 된다.

24p: 시트 모스 기법으로 만든 공작고사리 코케다마

1. 코케다마를 옆으로 눕히고 가장 큰 이끼 시트로 윗면을 덮어
준다.

2-1. 스테이플러로 이끼를 고정시킬 수 있을 만큼 충분히 집어
준다.

2-2. 다른 방법은 이끼를 공 위에 단단히 고정시킬 수 있을 만큼
나일론 낚싯줄로 묶어 준다.

3. 코케다마의 표면을 완전히 덮을 때까지 이끼 조각을 추가하고
고정시킨다.

Dirty moss
더티 모스 기법

녹색의 이끼 시트나 잔디를 코케다마에 이식하고 그 이후의 과정을 보다 빠르게 진행시키고 싶다면, 더티 모스 기법을 활용하라.

필요한 재료

식물 1개
수태
분재용 이끼 포자
잔디 씨앗(선택 사항)

더티 모스 기법은 녹색의 시트 모스의 포자와 잔디 씨앗을 코케다마의 수태에 심어주는 방식이다. 수태를 물에 흠뻑 적시고 한번 짜낸 다음, 분재용 이끼 포자를 첨가하여 충분히 섞는다. 이때 원한다면 정원용 잔디 씨앗을 약 두 큰술가락 추가한다. 수태는 훌륭한 숙주식물로, 며칠 안에 잔디가 발아하고 몇 주 안에 이끼가 자라나기 시작할 것이다. 비록 처음에는 이끼 공이 흙투성이처럼 보일지라도 수태만 사용하는 것보다 훨씬

빠르게 전체를 녹색으로 바꾸며, 진균류의 반항(32p 참조)을 억제하는 작용도 한다. 이 방식은 자연으로 돌아가는 귀화 과정을 가속화하므로, 겉 부분은 천연 섬유로 감을지라도 일단 이끼 공 자체는 합성 섬유 또는 나일론으로 감는 것이 좋다. 천연 끈은 평균보다도 더 빨리 분해될 수 있기 때문이다.

한편 이 기법으로 만든 코케다마는 식물의 뿌리가 공을 유지할 수 있을 만큼 촘촘하게 자랄 시간이 없다. 분재용 이끼가 일단 표면에 뿌리내리기 시작하면 끈도 덮어버릴 것이다.

26p: 분재용 이끼 포자를 물에 적신 수태에 뿌린다. 포자와 흙을 이끼에 섞는다.

Fancy moss

팬시 모스 기법

팬시 모스 기법은 무성하고 우거진, 자연 그대로의 느낌을 준다. 시각적으로도 풍성하고 흥미로운 이끼를 찾아보자.

필요한 재료

코케다마 1개
화려한 이끼
스테이플 건
덩굴식물(선택 사항)

시트 모스 기법과 마찬가지로, 여기서는 이미 완성된 코케다마 겉면에 이끼를 추가로 부착하는 것이다. 추가하는 식물은 코케다마를 만들 때 사용한 이끼와 생육 환경이 비슷해야 한다는 것을 명심하자. 이끼는 매일 분무해 주고 이따금씩 물에 적셔준다. 또한 상당히 낮은 온도를 필요로 하므로 온도를 낮게 유지해야 한다. 화려한 이끼 몇 조각을 코케다마에 스테이플 건으로 부착한다. 결과물이 프랑켄슈타인의 괴물처럼 스테이플 심으로 지저분해지지 않도록 최소한으로만 사용한다.

다양한 종류의 이끼를 사용하여 질감과 색상의 모자이크를 만들어보자. 완성된 코케다마가 풍성하고 화려해 보이도록 빽빽하게 꾸며 주는 것이 좋다.

더욱 야생적인 스타일을 원한다면, 뉴질랜드산 메트로시데로스 페르포라타나 무늬푸미라 같은 덩굴식물을 공에 감아 주는 것도 좋다. 원래의 식물과 잘 어울리도록 잎이 작은 덩굴을 찾자.

27p: 다양한 장식용 이끼를 스테이플러로 고정하고 덩굴식물을 감아 야생적인 스타일로 마무리한다.

CARING FOR YOUR KOKEDAMA

코케다마 돌보기

이론상으로 코케다마 돌보기는 간단하다.
물과 햇빛, 적절한 양분을 식물에게 주면 된다.
중요한 것은 식물이 요구하는 환경과 실내의 환경을 고려해야 한다는 점이다.

모든 식물은 생존을 위해 양분과 물 그리고 햇빛이 필요하며, 각각의 식물은 서로 다른 양을 요구한다. 햇빛을 얼마만큼 제공할 수 있는지, 얼마나 자주 돌볼 수 있는지, 주변 환경과 상황을 고려해 식물을 선택하자. 대부분의 실내 식물은 높은 습도와 간접광을 선호한다.

코케다마는 마법처럼 그 자체로 물을 만들어내지는 않는다. 본질적으로는 매우 효율적이고 보기 좋은 화분에 가깝다. 이끼는 흙으로부터 수분을 흡수하는 양이 적기 때문에 테라코타보다 더 좋은 화분이라고 할 수 있다. 이끼로 식물을 감싼다고 해서 물을 직접 만들어내지는 않지만 동일한 크기의 테라코타 화분에 심은 것보다는 물을 적게 필요로 한다.

그 외에도 화분 대신 끈으로 감은 흙 공을 사용하는 데는 이점이 있다. 예를 들어, 식물을 실내에서 키우면 실외의 바람과 비를 통한 정화작용을 놓치게 된다. 먼지나 기타 오염 물질이 잎에 쌓여 결국에는 빛을 흡수하는 것을 방해하기 때문이다. 잎에 쌓인 먼지를 없애기 위해서는 미지근한 물을 욕조나 빨래통에 담아 식물 전체와 이끼 공까지 잠기도록 하고 이파리를 슬슬 흔들어 준다.

미지근한 물을 튼 샤워기로 부드럽게 씻을 수도 있다. 흙은 모두 공 안에 잘 들어있기 때문에, 화분에서 흙이 새어 나와 주변을 더럽히거나 줄어들 걱정은 하지 않아도 된다.

염두에 두어야 할 한 가지는 공을 묶기 위해 사용하는 끈이다. 모든 천연 섬유는 시간이 지나면서 분해된다. 물과 빛이 많으면 이 과정은 더욱 빨라진다. 재포장을 염두에 두자. 아니면 합성 섬유나 나일론 낚싯줄을 사용해도 된다.

29p: 수태와 황마 끈으로 싸인 스테노칵투스

Watering
물 주기

공의 무게는 식물이 언제 물을 필요로 하는지를 알려주는 좋은 지표다. 손으로 공을 들어올려 보자. 가볍게 느껴진다면 물을 주어야 할 때다. 이와 같은 신호를 이해하면 물 주기의 규칙을 만드는 데 도움이 된다.

식물은 물이 부족하다는 것을 스스로 알려준다. 힘이 없어지거나, 잎 가장자리가 말리거나, 다육식물의 경우 주름지고 못생겨진다. 천장에 매달린 코케다마는 조금 더 관심을 필요로 하지만 물 주기는 무척 쉽다.

물 주기

싱크대나 양동이에 물을 반쯤 채운다. 양동이를 사용하는 경우 욕조나 샤워실에 두어 물이 떨어지거나 튀는 것에 대비하자. 그 다음 코케다마를 물에 넣는다. 공이 매우 건조하면 물 위에 떠있을 것이다. 식물은 이끼 공이 흠뻑 젖을 때까지 물을 충분히 흡수해야 한다. 물을 빨아들인 코케다마는 점차 가라앉을 것이다. 공의 크기와 건조함의 정도에 따라 10분에서 30분 정도 걸릴 수 있다.

공이 완전히 푹 젖어 가라앉았다면 물에서 꺼내 30분 정도 물을 배출시킨다. 이렇게 하면 다시 매달 때 물이 뚝뚝 떨어지는 것을 예방할 수 있다. 여름에는 기온이 높고 습도가 높으므로 물을 주는 주기에 신경쓰자. 겨울철에는 뿌리 부패를 피하기 위해 물 주기 횟수를 줄인다. 물 주기 사이 사이에 살짝 분무해 주는 것으로 코케다마의 건강을 챙겨줄 수 있다.

양분의 공급

대부분의 식물은 계절마다 적어도 한 번은 비료를 필요로 한다. 가장 좋은 방법은 고품질의 유기질 액체비료를 사용하는 것이다. 설명서에 따라 물에 첨가하면 된다. 화학비료는 수로에 해가 될 수 있으므로 피해야 한다. 비료 주기에 대한 구체적인 정보는 각 식물군에 포함되어 있다.

30p: 물 주기 전후의 칼라테아 루피바르바 잎 상태 31p: 싱크대에서 물을 흡수하고 있는 코케다마

Naturalization and restoration
귀화와 복원

천연 끈을 이용하여 코케다마를 감쌀 경우 점차로 끈이 부식된다. 이것은 유기 물질에 의한 자연스러운 현상이며 귀화 과정의 일부이다. 시간이 지남에 따라 고유의 이끼 생태계를 가지며 그 뿌리에 의해 모양이 유지되는 코케다마가 완성될 것이다. 각각의 식물은 서로 다른 환경을 필요로 하므로, 모든 코케다마는 같은 속도로 귀화되지 않는다.

귀화의 과정

첫 번째는 일반적으로 진균류에 의한 표면의 군체 형성이다. 진균류는 천연 재료의 표면에 들어가서 덩굴손을 통과시켜 물질을 분해한다. 자연에서 이 과정은 다른 모든 과정의 시작이기 때문에 엄청나게 중요하다. 그것은 이끼와 같은 다른 유기체가 군체를 형성할 수 있는 표면을 만든다. 일단 균류가 제 할일을 하면, 이끼가 뒤이어 아름다운 무성한 녹색으로 표면을 덮게 된다.

해결 방법

집 안의 환경이나 코케다마의 위치에 따라 귀화의 과정은 이상적이지 않을 수 있다. 비록 자연에서는 매우 중요한 기능임에도 불구하고 실내에서는 불편을 끼칠 수 있기 때문이다. 하지만 코케다마에서 발견된 균류는 거의 항상 인간과 반려동물에 무해하다.

코케다마가 여드름 자국과 흉한 얼굴을 가진 '십대의 반항기 단계'에 도달했을 때 취할 수 있는 방법은 몇 가지 있다. 첫 번째는 코케다마가 알아서 제 할일을 하도록 내버려 두고 언젠가 제정신을 차

려 아름다운 녹색 이끼로 뒤덮인 멋진 작품이 되겠거니 하는 것이다. 그러나 공을 실내에 두면 야생 이끼 포자에 노출되지 않기 때문에 분재용 이끼 포자를 구매하여 보기 좋은 이끼와 흙이 섞인 '페이셜 마스크'를 해 주는 것이 좋을 때도 있다. 또한 전체 공을 이끼 시트나 화려한 이끼 조각으로 덮어서 이 과정이 눈에 띄지 않도록 할 수 있다. (24~27p 참조)

코케다마를 진균류가 번성하기 전의 상태로 복원시킬 수도 있다. 부패하는 끈을 제거하고, 신선한 수태층을 새로 덮어준 후 새 끈으로 다시 묶어 주는 것이다. 식물의 종류와 끈에 닿는 수분의 양에 따라 이 작업을 얼마나 자주 해야 하는지 정해질 것이다.

32p: 실외에 둔 코케다마에 국소 이끼의 군체화가 진행된 모습 33p: 다육식물 코케다마의 끈이 생분해된 모습

TROPICALS

열대식물

Environment and care

환경과 관리

37p: 미지근한 물로 샤워를 받은 몬스테라 델리시오사. 이 식물의 어린잎은 축축한 천으로 부드럽게 닦는 것이 좋다.

앞으로 다룰 열대식물은 매우 풍성한 초록의 잎 때문에 선정하였다. 이외에도 다양한 열대식물이 있으며, 그중 대부분은 코케다마에 적합하다.

코케다마에서 기르려면?

열대식물은 습기를 좋아한다. 그들이 살아가는 원산지의 자연환경은 고온다습하고, 비도 많이 내린다. 또한 열대식물은 유기물이 풍부한 토양에서 자랐을 확률이 높다. 따라서 앞으로 소개할 식물들은 그들이 살아 온 숲속의 땅을 모방하여, 흙을 배합한다.

36p: 열대식물로 만든 코케다마 컬렉션이 욕조에 담겨 있다.

적합한 공간

직사광선이 직접 내리쬐는 밝은 방이 이상적이다. 그러나 일부는 빛이 적은 환경에서도 잘 적응하므로 반드시 창문 가까이에 둘 필요는 없다. 특별한 언급이 없는 한, 하루 3시간 이상은 햇빛이 잘 드는 채광 좋은 방에 둔다.

적절한 물 주기 방법

대부분의 열대식물은 키가 크기 때문에 코케다마 공 역시 이에 비례해서 커질 필요가 있다. 이는 공 안의 습도를 오랫동안 높게 유지할 수 있어서 좋다. 여름에는 코케다마를 자주 흠뻑 적시되 물 주기 사이에는 표면이 살짝 마를 수 있도록 한다. 겨울에는 물 주기 빈도를 줄이고 물 주기 사이에 공을 2/3 정도 건조시킨다.

대부분의 식물은 자주 잎갈이를 한다. 매일 할 때도 있는데, 주로 저녁보다는 아침이다. 먼지와 기타 공기 중의 오염 물질이 큰 잎의 표면에 쌓일 것이다. 먼지가 쌓이면 빛을 받기 어려워지므로 부드러운 헝겊으로 먼지를 닦아내거나 샤워기에서 나오는 미지근한 물로 잎을 부드럽게 씻어준다.

Large fiber kokedama
대형 섬유 코케다마 만들기

열대식물을 위한 배합토에는 대부분 코코넛 멀치mulch가 포함된다. 이 재료는 습한 공기주머니를 만들기 때문에 열대식물 코케다마에 매우 적합하다. 코코넛 멀치는 꽤 많은 덩어리로 이루어졌기 때문에 일부 크기가 큰 식물에 필요한 수량을 확보하는 것이 어려울 수 있다. 따라서 그릇에 필요한 재료를 모두 넣어 만드는 것이 좋다. 또한 열대식물에는 최대한 이끼를 두껍게 붙여야 한다. 습도가 높기 때문에 열대식물은 포장에 사용되는 천연 섬유가 빨리 삭는 편이다. 합성 섬유를 사용하거나 천연 섬유층 밑에 나일론 낚싯줄을 덧대어 강화하자. 이 책에서는 나일론을 끈 위에 사용하고 압축된 이끼 안에 숨겼다. 첫 번째 단계에서 나일론을 사용할 수는 있지만 고정하는 것이 조금 어려울 수 있다.

38p: 그릇을 이용해 만든 안수리움 코케다마
40p: 말린 수태와 아마 끈으로 만든 안수리움 코케다마 41p: 베란다에 매달린 안수리움. 홍콩야자 및 필로덴드론 코케다마

1. 끈 여러 가닥을 하나로 묶어 중간에 매듭이 놓이도록 한다. 끝
   부분이 잘 풀려 있는 것이 좋다. 그릇의 중앙에 매듭을 놓고 끝
   을 고르게 펼친다.

2. 끈의 맨 위에 이끼층을 놓는다. 단단히 누르고 압축하여 그릇
   모양을 유지한다. 식물을 가운데 놓고 배합토로 채운다. 이끼
   로 뿌리 공의 상단을 덮고 제자리에 고정시킨다.

3. 그릇의 반대편 양쪽에 놓인 끈 2개를 가져와 끝부분을 서로 묶
   어준다. 가능한 단단히 묶는다. 나머지 끈 가닥으로 과정을 반
   복한다. 이 과정이 끝나면 그릇에서 공을 들어낸다. 공에 끈을
   감아준다.

4. 광택이 있는 큰 잎들이 아마도 당신의 작업을 방해할 수 있다.
   테이블의 가장자리를 활용하여 작업영역 밖으로 내보낸다. 이
   는 포장 과정에서 잎이 뭉개지는 것을 방지한다.

Anthurium andraeanum

안수리움

과科	천남성과
유형	관엽식물
빛	보통
물 주기	보통 – 많이
성장 속도	보통 – 빠름
반려동물	고양이와 개에게 약간 독성
주의 사항	습도 부족

흙 배합 레시피

배합토 2

퇴비 1

코코넛 멀치 1

무성한 잎과 아름다운 꽃차례가 일 년 내내 계속되는, 코케다마에 가장 적합한 식물 중 하나이다. 관리하기도 쉬운 편이다. 꽃은 캔디핑크에서 짙은 빨강, 거의 검붉은 핏빛까지 여러 종류의 붉은색으로 나타난다. 잎은 싱그러운 푸른색에서 짙은 황록색까지 다양하다. 이 식물을 관리하는 데 가장 중요한 점은 높은 습도를 필요로 한다는 것이다. 다만 젖은 뿌리는 썩기 쉬우므로 너무 자주 물을 주면 안 된다. 아름다운 꽃을 원한다면 잎에 하루 한두 번 분무해준다.

성장 조건

열대 숲의 바닥에서 낮게 자라는 이 식물은 다른 나무들의 잎 사이로 쏟아지는 아롱거리는 빛을 받는 데 익숙하다. 간접광을 좋아하며, 만일 직사광선을 잎에 직접 쬐면 화상을 입는다. 그렇다고 광원에서 너무 멀리 두면 빛이 있는 방향으로 잎을 늘려서 들쭉날쭉하고 못생겨질 수 있으니 주의하자. 이 식물은 춥고 건조한 환경을 좋아하지 않는다. 시든 꽃은 잘라낸다.

수분과 양분

활발히 성장하는 봄에는 뿌리에 수분이 잘 스며들 수 있도록 물을 주고, 공이 절반 이상 마르지 않도록 주의한다. 더운 여름철에는 1주일에 한 번 정도 물을 주지만 코케다마의 크기에 따라 빈도는 달라질 수 있으므로 이를 고려한다. 비료의 경우, 크고 풍성한 잎이 자랄 수 있도록 봄철 성장기에는 적어도 2주에 한 번은 줘야 한다. 겨울에는 뿌리가 썩지 않도록 물 주는 횟수를 줄인다. 공중에 매다는 것으로 젖은 뿌리를 어느 정도 예방할 수는 있지만, 과도한 물 주기는 이 식물에게 해롭다.

Aspidistra elatior

엽란

과柳	백합과
유형	관엽식물
빛	적게 – 보통
물 주기	적게 – 보통
성장 속도	느림
반려동물	동물에게 안전
주의 사항	과잉 급수

흙 배합 레시피

배합토 2
코코넛 멀치 1

엽란은 코케다마용 식물로 인기가 좋다. 조금 방치해도 잘 자라는 이 식물은 열악한 조건을 견디며, 다른 식물이 죽을 환경에서도 살아남는다. 햇빛의 양이 적거나 일교차가 큰 환경에도 잘 적응하므로 화장실이든 거실이든 복도든 옮기는 대로 잘 자란다. 다만 뿌리는 건드리지 않는 것이 좋다. 엽란은 코케다마에서 몇 년 동안 잘 자랄 것이며, 가용 공간에 뿌리가 꽉 들어차고 나면 더 이상 자라지 않겠지만 그렇더라도 잘 살 것이다. 원한다면 큰 코케다마는 소분하여 선물을 할 수도 있을 것이다.

성장 조건

실내의 가스 조명이 만들어낸 기체가 식물을 죽이곤 했던 빅토리아 시대에도 엽란은 실내에서 기르기 가장 좋은 식물이었다. 그렇다고 해서 그냥 방치하지는 말자. 좋은 환경이 갖춰지면 당연히 번성할 것이다. 열악한 환경을 좋아하는 것이 아니라 다만 잘 견딜 뿐이다. 어두운 구석에 배치해도 죽지는 않겠지만 더 이상 자라지는 않을 것이다. 베란다나 다용도실처럼 직사광선이 들지 않으면서 채광이 좋은 곳에 두면 멋진 새 잎을 만들어낼 것이다. 잎이 탈 수 있으므로 직사광선이 내리쬐는 곳에 두지 않는다. 온도에 관해서는 걱정할 필요가 없다. 추운 방이든 더운 방이든 상관없이 잘 자랄 것이다.

수분과 양분

습도는 적당히 맞춰 준다. 다만, 높은 습도를 좋아하지 않으므로 물을 너무 많이 주지 않는다. 생장기인 봄과 여름에는 공을 푹 적시고, 다음에 물을 줄 때까지 완전히 말린다. 물을 줄 때 두 번 중 한 번은 유기질 액체 비료를 섞어 주면 좋다. 빈도는 광량과 온도, 식물의 위치에 따라 다를 수 있다.

Monstera deliciosa

몬스테라 델리시오사

과科	천남성과
유형	덩굴식물
빛	밝은 간접광
물 주기	적게
성장 속도	느림
반려동물	고양이와 개에게 유독함
주의 사항	과잉급수

흙 배합 레시피

퇴비 2
코이어 1
코코넛 멀치 3

47p, 48p: 동향 창문으로 들어오는 밝은 간접광에서 잘 자라는 커다란 몬스테라 49p: 복층 식당에 고요하게 걸려 있는 어린 몬스테라

아마존의 야생을 품은 몬스테라는 실내식물 중 가장 넓은 잎을 자랑한다. 거대한 덩굴식물이므로 덩굴을 뻗기 시작하는 생장 후반에는 지지대를 필요로 한다. 어느 환경에서든 잘 적응하는 이 식물은 원래 크기를 유지하며 몇 년 동안 자랄 수 있다. 날카로운 칼로 생장 팁을 잘라내어 유지하면 된다. 생장 마디 아래쪽에서 가지치기를 하면 이 잘라낸 부분을 접목하여 새 식물을 길러낼 수 있다. 하지만 본래의 크기대로 키우고 싶다면 몬스테라가 붙잡을 만한 '나뭇가지'를 제공해야 한다. 지지대가 없다면 자신의 몸무게로 줄기를 부러뜨릴 것이다. 체인에 집게나 끈으로 고정시키면 알아서 타고 오를 것이다. 다만 체인을 타고 올라간 후에는 물 주기가 조금 까다로워진다. '교목과 관목' 섹션에 설명된 플렉시팁 방법을 사용하자. (118p 참조)

성장 조건

몬스테라는 밝은 간접광을 선호한다. 열대우림에서 받을 법한 빛 말이다. 빛이 적은 환경도 괜찮지만 잘 자라지는 않을 것이다. 너무 어둡지 않은 방 한구석에서 기르기 안성맞춤이다. 열대우림 식물이기 때문에 습기와 따뜻한 기온을 좋아한다. 그래서 온도와 습도가 낮으면 성장이 느려진다. 잎의 표면적이 크고 열대우림에서 으레 내리는 소나기가 없으므로 잎을 깨끗하게 유지하려면 인위적인 조치가 필요하다. 광택이 흐려지면 부드러운 천을 적셔 잎을 닦아준다.

수분과 양분

습도가 높은 환경을 좋아하지만 건조한 공기에서도 견딜 수 있다. 여름에는 계절성 호우, 즉 느닷없이 엄청난 양의 물이 공급되는 환경에 익숙하다. 샤워실이나 욕조에서 이러한 환경을 만들어 보자. 특히 겨울철에는 물 주기 사이에 공이 마를 수 있도록 한다. 공중 뿌리는 물을 흡수하기 위한 것이므로 이 부분에 살짝 분무를 해주면 좋다. 봄과 여름에 걸친 생장기에 유기 액체 비료를 섞어주자. 자주 줄 필요는 없으나 식물이 크게 자랄수록 차츰 양을 늘리는 게 좋다.

Syagrus romanzoffiana

여왕야자

과科	야자나무과
유형	야자
빛	많이
물 주기	적게
성장 속도	빠름
반려동물	동물에게 안전
주의 사항	충분하지 않은 빛

흙 배합 레시피

배합토 2
코코넛 멀치 1
코이어 1

실내식물로 잘 기르지 않는 여왕야자는 야생에서 약 15m까지 자랄 수 있지만 실내의 코케다마에 심어 놓으면 상대적으로 작은 크기를 유지할 것이다. 그래도 실내에서 자라는 다른 식물과 비교해서는 큰 편이다. 이 식물의 멋진 점은 처음에는 방패 모양이던 잎이 나중에 활짝 퍼지면서 폭신한 브러시 모양을 이룬다는 것이다. 따라서 이 식물은 한동안 굵고 강한 선을 가진 건축적인 형태를 유지하다가 어느 날 잎이 성숙하면 어른 야자수로 자라기 위한 과정을 시작한다. 몸통은 매우 곧게 자라며 잎줄기도 똑바르다. 잎의 모양이 변하더라도 이런 직선적인 형태 때문에 구조가 잘 짜인 인상을 준다.

성장 조건

열대 기후에서 자라는 이 야자수는 고온의 날씨를 좋아한다. 곧은 몸통을 가진 덕분에 '정글의 거인'으로 불리는 여왕야자는 다른 어떤 식물보다 높이 쭉 뻗어 자라서 빛을 흠뻑 받으려고 할 것이다. 실내에서 관리 가능한 크기를 유지하려면 매일 적어도 8시간 이상의 햇빛을 필요로 한다. 그보다 적은 빛을 받으면 이 식물은 위쪽의 나무들이 빛을 가리고 있다고 생각해서 키를 계속 키울 것이다. 열대의 더위가 아닌 시원한 환경에서는 성장이 느려지지만 그래봤자 수월하게 천장까지 자라날 것이다.

수분과 양분

여왕야자 코케다마는 물에 자주 적시되 물 주기 사이에 살짝 마르도록 한다. 습도를 높이고 나뭇잎의 광택을 유지하려면 잎에 분무해 준다. 이따금 미지근한 물을 전체적으로 뿌려줘도 된다. 그렇지 않으면 먼지가 잎에 쌓여 점차 빛을 받을 수 없게 된다. 고급 액체 유기질 비료를 계절마다 절반 정도의 농도로 사용하면 풍성함이 유지된다. 비료를 너무 많이 사용하면 뿌리가 타버릴 수 있으니 주의한다.

BULBS, CORMS AND TUBERS

알뿌리, 알줄기, 덩이줄기 식물

Environment and care
환경과 관리

비록 땅 위의 모습은 천차만별일지라도 알뿌리, 알줄기, 덩이줄기에서 자라는 식물들은 영양소가 저장된 다육질 기관에서 뿌리가 돋아나는 구조라는 공통점이 있다. 이 식물들을 크게 두 종류로 나누면 한해살이와 여러해살이로 구분할 수 있다. 전자의 경우는 일주일이나 한 달 정도만 생장하고 꽃을 피운 후 시든다. 종종 완전히 휴면 상태가 되는 식물도 있다. 후자의 경우 1년 내내, 혹은 거의 대부분의 시간 동안 새 잎과 꽃을 피운다. 이들은 서로 나뉘어 새로운 코케다마로 만들어지기 전까지 수 년 동안 하나의 코케다마에서 잘 자랄 수 있다.

54p: 생이끼와 나일론 줄에 감긴 시클라멘이 물이 얕게 깔린 접시에 담겨 있다. 55p: 시클라멘이 맨 위쪽까지 물을 빨아들이면 안 되므로, 물이 3/4 이상 차면 접시에서 꺼내어야 한다.

코케다마에서 기르려면?

수선화, 튤립, 히아신스, 크로커스, 그리고 실라속屬에 해당하는 일부 품종들은 모두 한해살이로 취급할 수 있다. 이들에게 코케다마는 영원한 집이라기보다는 화훼 장식장 같은 역할을 한다. 여러해살이의 경우 특별한 주의와 관리가 필요하다. 알뿌리식물의 경우 다육질이기 때문에 쉽게 썩을 수 있다. 이를 방지하려면 저장기관의 최소 1/3, 최대 1/2까지의 면적이 이끼에 감싸여 있지 않고 공중에 노출되도록 한다.

적합한 공간

직사광선이 비치는 밝은 방이 이상적이다. 그러나 일부 식물은 적은 빛에도 견딜 수 있다. 특별히 언급하지 않는 한 3시간 이상 햇빛이 드는 방이라면 충분하다.

적절한 물 주기 방법

얕은 접시에 공을 놓고 물이 바닥에서 위로 흡수되도록 한다. 공이 완전히 포화되지 않아야 한다. 바닥에서 1/2 높이 지점의 공 표면이 촉촉하게 느껴지면 물에서 꺼낸다.

Seasonal bulb kokedama

계절에 따라 달라지는 알뿌리 코케다마 만들기

이번에는 계절에 따라 다르게 개화하는 알뿌리식물을 코케다마로 만들어 본다. 개화하는 알뿌리식물은 실내에서 기르는 경우 보기 어려운 색채감을 제공한다. 이 책에 사용된 알뿌리식물은 이미 꽃을 피운 상태에서 구입한 것이다. 알뿌리식물은 몇 주 동안 계속해서 꽃을 피우며 경우에 따라 아름다운 장식의 효과뿐만 아니라 환상적인 향기도 제공한다. 짧게 사는 식물이기에 더더욱 화려한 모습으로 이목을 끈다. 그렇다 해도 확실히 마라톤과 같은 장거리보다는 100미터 달리기와 같은 단거리에 특화된 식물이다. 결국은 그 매력을 잃고 만다.

알뿌리식물은 반 년 동안 휴면기에 들어가 이듬해의 개화를 기다린다. 개화하는 알뿌리식물을 코케다마로 만들 때는 각각의 식물에 맞춰진 흙 배합 레시피를 기본적인 제작과정에 대입해 만들 수 있다. 꼭 기억해야 할 것은 알뿌리 자체가 반드시 드러나 있도록 하는 것이다. 알뿌리는 썩기 쉽고 한번 썩으면 수습하기 어렵다는 점도 명심하자.

56p: 생이끼와 나일론 낚싯줄로 고정된 수선화

배합토와 덩이뿌리를 둘러싸는 이끼의 모양을 잡을 때, 엄지손가락으로 알뿌리 둘레를 부드럽고 단단하게 눌러준다. 각 단계마다 이것을 반복해 최종적으로 이끼 공이 알뿌리 꼭대기에 비해 꽤 아랫부분에 위치하도록 한다. 모든 과정이 끝나면 알뿌리 주위를 아래쪽으로 누르듯이 마무리하여 알뿌리가 확실히 노출되도록 한다.

식물을 선택할 때는 크고 흠이 없는 깨끗한 알뿌리를 고른다. 손상이나 질병의 징후가 없는지 꼭 확인하자.

이 프로젝트의 마지막은 꽃이 지고 났을 때 어떻게 할지를 생각하는 것이다. 퇴비로 내다 버리는 것이 내키지 않는다면 두 가지 선택지가 있다. 첫 번째는 정원 나무 밑에 통째로 심어서 이듬해에 다시 필 수 있게 하는 방법이다. 두 번째는 모든 잎이 죽어 없어질 때까지 실내에서 계속 돌보는 것이다. 잎이 모두 죽고 나면 공이 완전히 마르도록 두고, 춥고 건조하고 어두운 곳에 보관한다. 이렇게 하면 봄까지 휴면기에 들어갈 것이다. 동지가 지나

면 다시 꺼내어 환경에 익숙해지도록 한다. 이끼 공을 살짝 촉촉하게 만드는 것으로 시작하여 생명 활동의 징후가 보이기 시작하면 급수량을 늘린다. 꽃을 피울 때까지 주 1회 액체 유기질 비료를 공급한다. 이듬해에 얼마나 꽃을 잘 피우는

지는 바로 전 해에 개화가 유도된 방식에 따라 달라진다. 강제적으로 꽃을 피우도록 유도한 경우에는 그 다음 해까지 꽃을 피우지 않을 수도 있다.

57p: 알뿌리 주위의 이끼를 아래로 밀어내려 완전히 노출되도록 한다.

Cyclamen persicum

시클라멘

과科	앵초과
유형	덩이줄기를 가진 겨울에 개화하는 다년생 식물
빛	보통
물 주기	보통
성장 속도	보통
반려동물	고양이와 개에 유독
주의 사항	높은 온도, 시든 꽃에 생기는 곰팡이, 덩이줄기의 부패

흙 배합 레시피

퇴비 1

코이어 1

시클라멘의 꽃은 알뿌리처럼 생긴 덩이줄기에서 잎과 뿌리와 함께 자란다. 덩이줄기는 절반만 파묻혀 있어야 하며, 완전히 감싸면 썩게 된다. 서리에 약하므로 실내에만 보관한다. 그러나 겨울에 꽃을 피우는 식물인 만큼 너무 따뜻한 온도에 두면 여름철로 착각하여 휴면을 유발할 수 있다. 이렇게 되면 꽃의 생명이 크게 단축된다.

성장 조건

실내식물로는 꽤 좋은 선택지다. 다만 지속적으로 부드럽고 밝은 간접 채광을 유지할 수 있고 눈에 띄는 기온 상승이 없는 공간이 좋다. 시클라멘은 조금이라도 건조하면 쉽게 색이 바랜다. 반대로 물을 너무 많이 줘도 쉽게 죽는다. 늘 관심을 쏟고 식물이 원하는 관리의 리듬을 포착한다면, 당신의 식물은 몇 달은 너끈히 예쁜 별모양 꽃과 싱그러운 하트 모양 잎을 만들 수 있을 것이다. 골칫거리인 곰팡이가 번지는 것을 피하기 위해서는 시든 꽃을 즉시 제거해야 한다.

수분과 양분

시클라멘은 관리가 조금 까다롭지만 제대로 돌보기만 하면 그 값어치를 충분히 한다. 과잉 급수에 취약하므로 이끼 공을 물이 가득한 곳에 직접 빠뜨리는 것은 피한다. 대신, 얕은 접시에 공을 넣고 물을 흡수하도록 하자. 식물이 놓이는 위치나 습도에 따라 2~3일에 한번 정도의 빈도로 반복해야 한다. 아침마다 잎에 물을 분무하는 것이 도움이 될 수도 있지만 과도하게 물을 뿌려 덩이줄기에 물이 고이지 않도록 주의한다. 밤새 잎이 젖은 채로 둬서도 안 된다. 저녁까지도 잎이 젖어있다면 물 주는 양을 줄인다. 1~2주일에 한번, 비료 설명서에 적힌 대로 물에 액체 비료를 섞어 준다.

Narcissus 'Grand Soleil d'Or'
수선화

과科	수선화과
유형	계절 알뿌리
빛	보통
물 주기	많이
성장 속도	매우 빠름
반려동물	매우 유독함
주의 사항	높은 온도, 물의 부족

흙 배합 레시피

펄라이트 2
퇴비 1

수명이 짧지만 매우 아름답게 자라는 수선화는 길지 않은 시간이지만 강렬한 시각적 효과를 주고자 한다면 안성맞춤인 식물이다. 어떤 종류는 그 향이 너무나 독해 환기가 안 되는 방에 함께 있으면 숨이 막힐 정도다. 여기에서 소개하는 종류는 미묘한 단향과 향신료 향을 낸다. 일단 실내에서 기르기 시작하면 수선화는 그 해에 1회 이상으로 꽃을 피울 수 없게 된다. 꽃이 지고 나면 통째로 버리거나 바깥에 심어주고, 되도록 외지고 가림막이 있는 곳을 고른다.

코케다마 형태로 보존하고 싶다면, 다시 꽃이 피기까지 2년 이상 걸릴 수 있다는 사실을 기억하자. 잎은 다음 해에 필 꽃을 위한 중요한 양분이 되므로 잘라내지 않는다. 모든 잎이 시들어 없어질 때까지 물과 양분을 제공하고, 봄이 될 때까지 공을 통째로 어둡고 건조하고 서늘한 곳에 보관한다. 봄에 다시 잎을 자라게 하려면 비료를 살짝 섞은 물에 담근다. 녹색 잎 끝이 돋아날 때까지 공을 촉촉하게 유지하고, 그 후에는 정상적으로 물을 준다.

성장 조건

일반적으로 큰 나무 등걸 아래, 숲의 가장자리와 무성한 수풀에서 발견되는 수선화는 충분한 간접광과 얼룩덜룩한 그늘을 좋아한다. 꽃은 광원 쪽으로 뻗는 경향이 있다. 따라서 관리 방법에 따라 당신의 코케다마를 아름답게 만들 수도, 해칠 수도 있다. 신중하게 다루면 흥미로운 모양을 만들 수 있으며, 무성한 다발로 기르는 것도 가능하다. 코케다마로 만들 때는 썩기 쉬운 알뿌리가 공기 중에 노출되도록 한다.

수분과 양분

얕은 접시에 담아 아래쪽에서부터 물을 빨아올릴 수 있도록 한다. 아침에 분무하되 과하지 않게, 살짝 내린 이슬을 흉내낼 정도로만 한다. 주중에 알뿌리가 완전히 건조되지 못하면 썩기 시작할 것이다. 뿌리에는 물이 필요하지만 알뿌리에는 필요하지 않다. 알뿌리는 절대 젖지 않도록 한다.

61p: 아마 끈과 마른 수태로 감싼 수선화
62p: 나일론으로 고정하고 생이끼로 감싼 수선화와 시클라멘 코케다마 63p: 아마 끈과 마른 수태로 감싼 시클라멘

Oxalis triangularis
나비사랑초

과科	괭이밥과
유형	덩이줄기
빛	많이
물 주기	보통
성장 속도	빠름
반려동물	약간 유독함
주의 사항	적절한 양의 물 주기

흙 배합 레시피

코이어 1
퇴비 1

나비사랑초는 실내식물계의 다크호스다. 잘 다루지 않으면 죽은 척을 하는 마술 같은 특성을 지니는데, 모든 잎이 시들고 알뿌리 안에 숨을 것이다. 그러나 당신이 이를 알아차리고 사랑을 쏟아주면 삐친 마음이 풀리면서 새것처럼 되살아날 것이다. 이런 특성은 쉽게 저지를 수 있는 잘못, 즉 오랫동안 물 주는 것을 잊는 사고가 발생했을 때 유용하다. 잎이 말라비틀어지고 공이 바짝 마르고 푸슬푸슬 흩어지는 것을 발견했다면, 이 식물에게 적절한 양의 물과 따뜻하고 볕드는 장소를 제공해 준다. 그러면 이 식물이 불사조처럼 부활하는 것을 목격할 수 있을 것이다.

성장 조건

나비사랑초는 빛에 그다지 까다롭지 않다. 그러나 완전히 그늘진 곳이나 종일 볕이 드는 곳에서는 자라지 못한다. 이때, 햇빛의 양보다는 온도가 중요하다. 너무 추우면 기절하고 직사광선을 너무 받으면 화상을 입는다. 또한 나비사랑초는 너무 꽉 동여맨 공을 싫어한다. 이 식물은 매우 연약하고 가늘며 미세한 뿌리를 가지고 있기 때문에 공이 너무 조밀하거나 꽉 조여지면 뿌리를 성장시킬 수 없어서 죽는다.

수분과 양분

가장 이상적인 물 주기는 공을 푹 적신 후 손으로 만졌을 때 말랐다고 생각될 때까지 바깥에 내어 두었다가 이후 다시 푹 적시는 것이다. 불규칙하게 물을 주어도 개의치 않는다. 특히 서늘한 계절에는 별다른 탈 없이 물 없이도 버틸 수 있다. 다만 매우 따뜻하거나 볕이 잘 드는 곳에 두었다면 물의 양에 신경을 써야 한다. 너무 건조해지면 앞서 말했던, 죽은 척하는 기술을 사용하기 때문이다.

Zantedeschia 'Blaze'
칼라

과科	천남성과
유형	덩이줄기
빛	보통 – 밝음
물 주기	많이
성장 속도	보통
반려동물	고양이와 개에게 매우 유독
주의 사항	온도 변화

흙 배합 레시피

코이어 3
퇴비 1
워터 크리스탈 1

'칼라 릴리'Calla lily라는 영어식 이름을 갖고 있지만 백합의 한 종류는 아니다. 백합의 먼 친척뻘인 이 식물은 사실은 다년생 덩이줄기다. 중앙줄기는 없다. 대신 덩이줄기 표면 바로 아래서부터 길쭉한 줄기를 가진 사랑스러운 잎이 무리지어 자라난다. 코케다마를 만들 때 이 점을 유의하여 너무 공 깊숙이 묻지 않도록 하자. 또한 잎줄기 근처를 너무 빡빡하게 감아서 새 잎이 돋아날 자리를 막지 않도록 한다. 일단 개화가 끝나면 잎이 죽어서 휴면 상태가 된다.

성장 조건
야생에서는 늪이나 습지에서 자라기 때문에 뿌리를 축축한 상태로 유지하는 것을 좋아한다. 공중에 매달면 공기 노출이 많아지므로 이에 따른 건조함을 상쇄해야 한다. 습기가 많은 흙을 제공하면 좋다. 충분한 양의 이끼를 사용하고, 여건이 된다면 코코넛 섬유를 한 층 추가하는 것도 바람직하다. 끈이 삭아 터지는 것을 막으려면 합성 섬유를 사용하자. 항상 젖어 있는 탓에 천연 섬유는 금방 끊어질 것이다.

수분과 양분
늘 축축하게 유지한다. 표면이 건조하다 싶으면 곧바로 적셔준다. 개화기에는 한 달에 한 번 정도, 밤새 물에 담가둔다. 양질의 유기질 비료를 정기적으로 제공한다. 꽃을 꽤 피웠다 싶으면 1주일에 한 번 정도 물을 준다. 그전까지는 2주에 한 번 정도 혹은 그보다 더 적게 주어야 줄기가 길고 연약해지는 것을 막을 수 있다. 휴면기 동안에는 덩이줄기를 잘 보살펴줘야 다시 꽃을 피울 수 있다. 노랗게 변색하고 시들기 시작하면 물을 줄여서 공이 완전히 마르도록 한다. 성장을 시작하는 가을까지 실외에 두는 것이 좋지만 냉해를 입지 않도록 주의하자. 가을이 되면 실내로 들여놓고 조금씩 물을 늘려 잎과 꽃이 충분히 자랄 때까지 양을 올리다가, 이후에는 정상적으로 물을 준다.

SUCCULENTS AND CACTI

다육식물과 선인장

Environment and care

환경과 관리

70p: 싱크대에서 물을 흡수하는 다육식물들 71p: 선인장 가시에서 거미줄을 제거하고 있다.

모든 선인장은 다육식물이지만 모든 다육식물이 선인장인 것은 아니다. 많은 식물의 과는 대다수의 일원이 관목이나 초본식물인 경우에도, 한두 종류의 다육식물을 포함한다. 다육식물은 크게 잎에 물을 저장하는 종과 줄기에 물을 저장하는 종으로 나뉜다. 선인장은 다육식물 중 가장 개체가 많은 종류로, 줄기에 물을 저장한다. 나머지는 질기고 두툼한 다육질 잎에 물을 저장한다. 식물계의 낙타인 셈이다.

코케다마에서 기르려면?

코케다마는 기본적으로 집안에서 가장 밝고 더운 방에 두는 것이 좋다. 오래되고 고인 물에 담겨 뿌리가 썩길 기다리는 상황이 아니라면 말이다. 다육식물은 물이 너무 많으면 순식간에 뿌리가 썩는 편이다. 물이 잘 빠지는 환경을 요구하므로 펄라이트나 이에 준하는 재료를 사용하자. 습기를 필요로 하는 다른 식물과는 달리 약간 건조한 것을 좋아한다. 그러나 정글 선인장의 경우, 물론 다른 열대우림 식물에 비교하면 극히 적은 양이지만, 이따금 분무기로 물을 뿌려주는 것도 좋다.

적합한 공간

가장 크고 온도가 높은 방에 두자. 사막과 환경이 가장 흡사한 방을 고르면 된다. 만약 식물의 줄기가 길어지고 잎의 간격이 널찍하게 되었다면, 특히 장미꽃 모양으로 자라는 품종인데도 그렇다면, 햇빛의 양이 부족한 것이다. 이 경우에 식물은 자신이 주변 식물들에 가려져 빛을 받지 못한다고 생각하고 주위보다 높게 자라려고 할 것이다. 어딘가 호리호리한 느낌이 든다면 빛이 더 잘 드는 곳으로 옮기자.

적절한 물 주기 방법

한 달에 한 번 물에 담근다. 물 속에 넣었을 때, 코르크처럼 표면에 둥둥 떠야 한다. 곧바로 가라앉는다면 아직 물 줄 때가 되지 않은 것이다. 다만, 정글 선인장은 예외다. 정글 선인장은 약간의 습기를 필요로 하지만, 노출된 뿌리는 조금 건조해도 큰 문제는 없다. 공이 푹 젖을 때까지 물에 담가 놓은 후 배수되도록 한다. 너무 빨리 공중에 매달면 사방에 물이 뚝뚝 흐를 수 있다. 너무 크게 자라지 않도록 비료는 적게 준다.

Cactus kokedama
선인장 코케다마 만들기

코케다마를 처음 시작할 때 가장 적합한 식물군이다. 어떤 조건에서든 튼튼하게 자라고 방치에도 잘 견딘다. 뿌리를 이리 저리 건드려도 신경 쓰지 않고 과하게 손을 타도 별다른 해를 입지 않는다. 만들어 놓은 코케다마가 마음에 들지 않으면 해체한 후 다시 만들 수 있다는 점도 큰 장점이다.

처음에는 가시가 없는 선인장으로 시작하고, 솜씨가 늘면 가시가 있는 선인장에 도전하자. 선인장의 또 다른 장점은 옹기종기 모여 있을 때 보기 좋다는 것이다. 어디에 둘지 고민할 일 없이 양껏 만들어도 괜찮다. 한 창가에 전부 몰아넣어도 충분히 보기 좋다.

72p: 건조한 이끼와 황마 끈으로 싼 선인장

1. 선인장 가시 부분을 종이로 감싸서 손가락을 보호한다. 부드럽게 종이의 끝을 집어 올려 화분에서 들어낸다. 양끝을 집어 종이 안에 식물이 안정적으로 고정되도록 한다.

2. 일반적인 코케다마처럼 만들되 가시를 조심한다.

3. 선인장과 다육식물을 포장할 때는 단단하게 매는 편이 좋다. 완전히 건조시켜야 해서 다른 식물보다 이끼가 더 많이 쪼그라들 것이다.

4. 끈이 단단히 묶여있지 않으면 축 처진 느낌이 들거나 급기야는 떨어질 수도 있다. 끈을 충분히 사용하여 꽉 묶어주자. 당황스럽게 너덜너덜해지는 상황을 피할 수 있다.

Echeveria elegans

에케베리아 엘레강스

과科	돌나물과
유형	다육식물
빛	밝게
물 주기	조금
성장 속도	보통
반려동물	약간 유독함
주의 사항	과잉 급수, 뿌리 부패, 벌레

흙 배합 레시피

배합토 1
펄라이트 1

에케베리아속 식물들은 실내에서 가장 흔하게 키우는 다육식물 종류다. 관리가 무척 쉽고 그 빛깔과 질감이 다양하기 때문이다. 잎 표면에 얇은 왁스나 희미한 잔털막이 있는 경우도 있다. 취급 시 쉽게 손상될 수 있으니 주의하자. 대부분의 에케베리아속 식물은 실내에서도 꽃을 피울 수 있다. 길쭉한 줄기 끝에서 섬세하고 이따금 믿을 수 없이 정교한 종 모양의 꽃을 피운다.

성장 조건

엘레강스는 코케다마를 만들 때 특히 선호되는 에케베리아속 품종이다. 우선 까다롭지 않다. 뿌리를 헤집더라도 잘 자라기 때문에 코케다마를 처음 배울 때 좋다. 일단 코케다마로 만들고 나면 한 달에 한 번 정도만 물에 적셔주면 된다. 여건이 된다면 때때로 분무해주는 것도 좋겠지만, 그렇게 하지 못한다고 해서 문제가 생기지는 않는다. 햇빛이 잘 드는 밝은 곳을 좋아하며, 빛을 받으면 분홍색의 싱그러운 잎이 그 자태를 드러낼 것이다. 간접 조명도 나쁘지는 않다. 이때는 잎 전체가 예쁜 청록 빛을 띤다.

코케다마로 만들 때는 꾹꾹 눌러가며 단단히 포장하고 끈을 아낌없이 감는 것이 중요하다. 물 주기 사이에는 완전히 건조시켜야 하는데, 이때 이끼도 말라 쪼그라든다. 느슨하게 감으면 끈이 공에서 떨어져 나오거나 보기 싫게 늘어질 수 있다.

수분과 양분

여름에는 한 달에 한 번 물에 푹 적시고 겨울철에는 이보다 적게 물을 준다. 공의 크기와 실내 환경에 따라 정확한 급수 타이밍은 달라진다. 잎에 주름이 나타나기 시작하면 물을 줘야 한다. 그러나 굳이 따지자면 물을 너무 많이 주기보다는 적게 주는 편이 훨씬 낫다. 물이 너무 많으면 뿌리와 줄기가 썩기 쉽다. 키우다 보면 언제쯤 물을 주어야 할지 느낌이 올 것이다. 이끼 공이 매우 창백해지고 가벼워질 것이다. 봄철에는 양분을 공급하되 절반 정도의 농도로 액체 유기질 비료를 사용한다.

76p: 여러 종류의 에케베리아가 침대 밑에 걸려 있다. 77p: 주방에 립살리스와 레피스미움이 걸려 있는 모습

Lepismium houlletianum

레피스피움 호울레티아눔

과科	선인장과
유형	정글 선인장
빛	보통
물 주기	보통
성장 속도	빠름
반려동물	동물에게 안전
주의 사항	직사광선

흙 배합 레시피

배합토 1

퇴비 1

펄라이트 1

레피스미움속의 일원인 이 선인장은 사막이 아닌 열대우림에서 발견된다. 높은 곳과 공기 중에 충분히 노출되기를 좋아하는 이 선인장은 코케다마에서 기르기에 이상적인 식물이다. 빛이 별로 없어도 잘 자라고 돌보는 것이 매우 쉽다.

엄밀히 말하면 줄기지만 평평한 잎의 가장자리를 따라 꽃을 피운다. 끝부분을 향해 돋아난 돌기에서 피어나는 것이다. 햇빛에 화상을 입지 않도록 방 한구석에서 키우면 좋다. 완전히 어두운 곳에서는 살지 못하지만, 다른 개화식물보다는 훨씬 어두운 곳에 잘 적응한다.

성장 조건

그늘진 곳이나 여과된 빛이 일정량 들어오는 곳에서 잘 자란다. 절대 직사광선에 노출되어서는 안 된다. 잎이 보기 싫게 쭈글쭈글해지고 때로는 붉게 변하기도 한다. 정글 출신이므로 건조한 공기를 싫어한다. 따라서 잎 주변의 습기를 유지하기 위해 자주 분무해주면 좋다. 너무 춥거나 더운 곳을 싫어하며, 극단적인 온도에서는 비실비실해진다. 이렇게 되면 병충해에 대한 저항력이 몹시 떨어지므로

주의한다.

수분과 양분

정글 선인장은 흙이 완전히 말라서는 안 된다. 봄과 여름의 생장기에는 많은 수분을 섭취해야 하므로 선인장을 자주 흠뻑 적셔 촉촉한 상태로 유지한다. 가능하면 연수를 이용해 잎을 자주 분무해주자. 넓고 평평한 잎에 먼지가 쌓이지 않도록 이따금 물로 씻어준다. 생장기에는 양질의 액체 유기질 비료를 물에 섞어 주자. 겨울에는 물 주기와 비료를 줄이고, 급수 사이에는 다소 마르도록 한다.

Rhipsalis cereuscula
립살리스 세레우스쿨라

과科	선인장과
유형	정글 선인장
빛	보통
물 주기	적게 – 보통
성장 속도	보통
반려동물	동물에게 안전
주의 사항	직사광선

흙 배합 레시피

배합토 1

퇴비 1

펄라이트 1

립살리스속 식물은 선인장이지만 사막보다는 정글에서 발견된다. 통풍이 좋은 높은 곳을 좋아하므로 코케다마에 적합하다. 다루기 쉽고 약간 방치해도 잘 사는 편이다. 작은 부분이 오밀조밀하게 결합되어 있으며, 충격을 받으면 쉽게 떨어져 나온다. 그러므로 립살리스속 식물은 부드럽게 다루도록 하자. 굳이 창가에 둘 필요는 없다. 햇빛이 적은 실내에서도 잘 자란다.

성장 조건

잎처럼 생겼지만 실은 줄기인 다육질에 물이 저장되므로 건조한 환경에 잘 적응한다. 그렇다고 너무 방치해서도 안 된다. 꽤나 수분을 필요로 하는 선인장이다. 야생에서는 열대우림에서 주변 식물들의 그늘 아래 자란다. 대부분 틈 사이로 아롱거리는 햇빛만을 받는다. 정글 가장자리에 있다면 약간 더 많은 빛을 받을 수도 있다. 햇빛에 약하지는 않지만 직사광선에 노출되면 잎 끝이 붉게 물들거나 심한 경우 작은 조직들이 쭈글쭈글해질 수 있다. 여름철에는 야외의 그늘진 곳에 한동안 내보내면 좋다. 큰 나무의 가지에 매달아 두면 성장이 촉진되고 어쩌면 꽃을 피울 수도 있다.

수분과 양분

잎 조직에 물이 저장된다. 따라서 평소에는 가물어도 생존할 수 있지만, 생장기에는 새로 틔운 잎에 채울 많은 물을 필요로 한다. 물 풍선처럼 말이다. 새로 틔운 잎 조직은 갓난아기처럼 섬세한 표면을 가지고 있으므로 가혹한 환경에 노출시켜서는 안 된다. 잎에 자주 물을 분무해주면 좋다. 겨울철에는 물을 주는 사이에 공이 다소 마르도록 두자. 생장기에는 양질의 액체 비료를 물에 섞어 준다. 물 주기 두 번에 한 번 꼴로, 농도를 반으로 희석한 비료를 물에 섞어주면 된다.

EPIPHYTES

착생식물

Environment and care

환경과 관리

착생식물이란 야생에서 다른 식물이나 암석에 뿌리내리는 식물을 뜻한다. 이들은 땅 밖에 드러난 뿌리를 이용해 지지대에 매달리고 공기 중 혹은 매달린 곳의 드러난 틈에서 양분을 얻는다. 다른 식물에 달라붙지만 기생식물은 아니다. 즉, 지지대 역할을 하는 식물에게 해를 입히지는 않는다. 따뜻하고 축축한 공기를 좋아하며, 이따금 물에 푹 적셔줘도 좋아한다. 다만 꽃에 물이 고여 있는 것을 좋아하지 않으므로 물을 줄 때 명심하자.

코케다마에서 기르려면?

코케다마에 어울리는 이유는 바로 기생이 아닌 착생의 관계에 있다. 극도의 온도 변화로부터 보호받을 수 있는 습한 공기에 뿌리를 노출하는 것으로 착생식물은 생장에 좋은 곳을 발견했다고 생각한다. 살기 좋은 곳을 찾기 위해 에너지를 소모할 필요가 없다면 그 에너지는 보기

84p: 물이 든 접시에 담겨 있는 에어플랜트

좋고 멋지게 자라는 데 쓰일 것이다. 이끼 공에 물을 적당히만 준다면 착생식물은 무척 잘 자랄 것이다.

적합한 공간

직사광선이 비치지 않는 밝은 방이 이상적이다. 창문이 여러 개 있어 실내로 들어오는 햇빛의 양이 많은 거실이나 온실이면 완벽하다. 착생식물은 일반적으로 나무 등걸이나 가지 사이 또는 바위틈에서 자라므로 이와 유사한 채광 조건을 맞춰주자. 야생에서는 착생식물이 직사광선에 노출될 일이 많지 않다. 하루 종일 여과되거나 부분적으로 그늘이 진 빛을 받을 것이다.

적절한 물 주기 방법

땅에 뿌리를 내리는 일반적인 식물과 달리, 착생식물은 잎을 통해 물과 양분을 흡수한다. 생장기와 여름철에는 이틀에 한 번 정도 잎에 분무해주면 좋다. 다만 뿌리도 안정적으로 내려야 한다. 코케다마가 너무 자주 바싹 마르게 되면 더 살기 좋은 환경을 찾아 이동하고 싶어한다. 이렇게 되면 식물은 잎이나 꽃을 틔우는

대신 뿌리 생장에 양분을 집중하게 된다. 이끼 공 직경의 1/3 정도 높이로 물을 채우고 코케다마를 세워 흡수할 수 있게 한다. 다만 이 상태로 너무 오래 방치하면 안 된다. 보통 1시간이면 충분하다. 다시 공중에 매달기 전에 배수되도록 한다. 이 작업은 한 달에 한 번 정도 하면 된다.

Orchid kokedama

난초 코케다마 만들기

대부분의 착생식물은 뿌리를 다른 것에 붙드는 데 사용한다. 난초와 같은 일부 식물은 뿌리에 물을 흡수할 수 있는 막이 있는 반면, 박쥐란의 경우에는 빽빽한 뿌리 사이에 물을 가두고 거기서 증발한 물이 잎을 통해 흡수될 수 있게 한다. 극단적인 예로는 흙을 조금도 필요로 하지 않는 공중식물도 있다. 착생식물을 기르는 팁은 습기가 많고 고인 물이 없으며 공기가 잘 통하고, 따뜻하고 아늑한 집을 마련해 주는 것이다.

난초 코케다마에 사용되는 혼합물은 큰 덩어리의 비율이 높으므로 이에 적합한 요령과 기술을 필요로 한다. 너무 까다롭게 느껴진다면 열대식물 항목에서 추천하는 그릇 기법을 사용해 보자.(39p 참조) 바깥쪽에 코코넛 섬유층을 추가하면 공 내부의 수분이 증발하는 것을 줄일 수 있다.

86p: 이끼 위에 코코넛 섬유층을 더해 고정시킨 난초

1. 모든 착생식물은 코코넛 멀치처럼 거친 유기 섬유를 사용한다. 이것은 공기가 드나들 공간을 제공하고 배수를 돕는다.

2. 이끼를 팬케이크처럼 만들고 중앙에 흙 혼합물을 놓는다. 식물을 그 위에 놓고 부드럽게 이끼를 접어 둘러싼다. 이끼를 압축하고 끈으로 고정한다.

3. 식물을 이끼로 단단히 감쌌다면, 코코넛 섬유를 펼쳐 통째로 다시 감싼다. 코코넛 섬유는 물이 공 밖으로 나갈 수 있도록 하면서도 뿌리가 좋아하는 습기를 유지할 수 있게 해준다.

4. 끈을 고정하고 선호하는 스타일로 포장한다. 단단히 누르되 뭉개지는 말자. 난초 뿌리가 여기저기 뻗칠 경우 공 바깥에 남겨둔다.

Aechmea fasciata

에크메아 파시아타

과科	파인애플과
유형	착생식물
빛	밝게
물 주기	조금
성장 속도	보통
반려동물	동물에게 안전
주의 사항	건조, 물 고임

흙 배합 레시피

코코넛 멀치 1

코이어 1

펄라이트 1

대부분의 에크메아속 식물은 습한 열대 지역에서 착생식물로 자란다. 위에서 떨어지는 물을 받아 흡수할 수 있도록 설계된 잎을 가지고 있다. 중앙의 옴폭 파인 곳에는 언제나 물이 고여 있어야 한다. 에크메아속 식물은 일단 자라면 매우 훌륭한 꽃을 피운다. 여러 잎이 형성한 로제트rosette 하나하나가 꽃을 피우며 몇 주 또는 몇 달 동안 꽃이 핀 상태로 유지될 수 있다. 꽃이 지고나면 로제트가 통째로 시들어 버린다. 새로운 성장을 위한 공간을 확보하려면 날카로운 칼로 죽은 로제트 아랫부분을 도려내는 것이 중요하다.

성장 조건

에크메아속 식물이 꽃을 피우려면 충분한 햇빛이 필요하다. 창가에서 너무 떨어져 있으면 잎만 틔우고 말 것이다. 이 식물은 따뜻한 온도와 높은 습도를 선호한다. 배합토에 거친 나무껍질을 섞으면 공 안에 공기가 통할 수 있어 좋다.

수분과 양분

이 식물은 뿌리를 가지고 있지만 그것을 주로 나무나 바위에 매달리는 데 사용한다. 이 식물에 물을 줄 때면 한가운데의 물받이를 염두에 두자. 위에서 떨어지는 물을 좋아하므로, 코케다마를 통째로 싱크대나 양동이에 집어넣고 이 물받이를 중심으로 물을 흘려 넣어준다. 고인 먼지 등을 제거하기 위해 약간 넘치게 하는 것이 좋다. 야생에서는 계절성 호우와 같이 거센 비를 맞을 때 이런 효과가 있다.

정기적으로 비료를 주되 절반 농도가 좋다. 양분을 줄 때는 액체 유기질 비료를 사용하되 잎과 중앙의 물받이에 부드럽게 흘려 넣는다. 넘쳐흐른 비료가 양동이에 들어가 코케다마 공을 통해 흡수될 수 있도록 한다.

x Oncostele Wildcat 'Magic Leopard'

매직 레오파드 · 난초 교배종

과科	난초과
유형	개화하는 착생식물
빛	보통
물 주기	적게 – 보통
성장 속도	느림
반려동물	동물에게 안전
주의 사항	과잉 급수, 물 부족, 양분 부족, 곰팡이

흙 배합 레시피

코코넛 멀치 3
배합토 1

92p: 침대 위에 매달린 오돈토키디움 코케다마
93p: 계단참에서 오후 햇살의 반사광을 받고 있는 오돈토글로숨 코케다마

대다수의 난초들은 한 품종의 아름다움과 또 다른 품종의 풍성한 향기를 결합한 교배종이 많다. 따라서 코케다마로 만들기에 적합한 난초를 찾기 위해 전문가나 지역의 화훼업자와 얘기를 나눠 보는 것을 추천한다. 마트에서 파는 난초도 안부 겸 선물용으로는 나쁘지 않지만, 난초의 진정한 즐거움을 경험하고 싶다면 깊이 파고들자.

성장 조건

최적의 성장을 위해서는 밝은 간접광이 좋다. 직사광선은 섬세한 조직에 화상을 입힐 것이다. 열대우림의 거대한 나무 틈에서 자라는 이 식물들은 때때로 많은 양의 물을 주고 높은 습도를 유지해 주는 것을 좋아한다. 주로 생김새가 특이한 회색의 공중 뿌리를 통해 물을 흡수한다. 흙에서 자라는 것은 아니지만, 자연 상태에서는 나무 파편이나 낙엽, 나무껍질 등에 뿌리를 내린다. 따라서 코케다마 공 내부에 이와 비슷한 환경을 재현하자. 매직 레오파드는 단단하고 유기물질이 많으면서도 너무 눅눅하지 않은 공간을 좋아한다. 따라서 잎과 꽃 주변의 통풍이

중요하다. 여름철에는 창문을 열어 환기를 촉진하자. 추운 계절에는 환풍기를 약하게 틀어 공기가 흐르게 한다.

수분과 양분

공이 마르면 물을 준다. 공안에 빈 공간이 많으므로 화분에 심어 둔 식물들처럼 물을 많이 머금을 수 없다는 것을 기억하자. 아침에 잎에 물을 주되 밤새 젖은 채로 두지 않도록 한다. 개화기에는 난초용 특수 비료를 설명서의 지침을 따라 준다. 휴면기라고 해서 방치하면 안 된다. 난초는 다음번 꽃을 피우기 위해 바쁘게 일하고 있기 때문이다.

Platycerium bifurcatum

박쥐란

과科	고란초과
유형	착생식물
빛	밝게
물 주기	보통
성장 속도	보통
반려동물	동물에게 안전
주의 사항	건조함

흙 배합 레시피

코이어 1
다진 수태 1

공중에 매달린 코케다마를 만드는 데에 박쥐란은 탁월한 선택이다. 박쥐란은 자연 상태에서 높은 나무에 매달려 자라므로 공중에 매달리는 것에 매우 익숙하다. 다만 공기가 잘 통하는 곳을 좋아한다는 점은 기억하자. 박쥐란은 물을 공기 중에서 빨아들이고 대신 뿌리는 매달리는 데 쓴다. 은빛이 도는 어여쁜 벨벳이 잎을 덮고 있는데, 사슴뿔처럼 부채꼴로 펼쳐진다. 위쪽으로 돋은 잎과는 조금 다른 방패 모양의 잎도 가지고 있다. 이 방패 모양의 잎은 식물 아랫부분에서 자라나며 부분적으로는 매달리는 데, 부분적으로는 양분을 흡수하는 데 쓴다. 공을 매달 때 손상되기 쉬우므로 주의하자. 이 잎은 쉽게 꺾이고 떨어지기 쉬운 해면 같은 소재로 되어 있다. 부러질 경우 새 잎이 돋아난다. 그러나 방패 잎이 없으면 위쪽 잎의 생장에 영향을 줄 수 있다.

성장 조건

아침나절의 잠깐 동안의 직사광선 또는 대부분의 시간을 간접 채광 아래에 두는 것이 좋다. 강한 직사광선은 잎에 이상한 변색을 일으킬 것이다. 박쥐란은 너무 건조하지만 않다면 상당히 높은 온도는 견딜 수 있다. 그러나 겨울에는 잎이 떨어지는 것을 방지하기 위해 영상 13도 이하의 온도에 노출시키지 않아야 한다.

수분과 양분

이 식물은 자주 분무해주면 좋다. 실내가 덥고 건조하다면 매일 분무해줄 수도 있다. 봄과 여름에는 포화 상태까지 이끼 공을 물에 푹 담근 후 거의 완전히 마를 때까지 두어야 한다. 자연 상태라면 매달리는 것뿐만 아니라 작은 부스러기와 물을 분해하여 양분으로 흡수하는 데도 방패 잎을 사용할 것이다. 물을 주는 횟수는 1주일에 한 번, 액체 비료는 2주에 한 번 주어서 이런 환경을 재현할 수 있다.

96p. 97p: 큼직한 박쥐란이 서로 다른 두 공간에 전시되어 있다.

Tillandsia aeranthos
틸란드시아 아에란토스

과科	파인애플과
유형	착생식물
빛	밝게
물 주기	보통
성장 속도	느림
반려동물	동물에게 안전
주의 사항	잎 건조

흙 배합 레시피

이끼만

틸란드시아속에 해당하는 식물들은 돌보기 쉬운 편이다. 중앙아메리카와 남미의 삼림지역이나 정글에서 자생하는 이들은 무척 굳세다. 뿌리가 있지만 물을 흡수하기 위해서가 아니라 나무와 벼랑 면에 달라붙는 데 쓰며, 흙을 필요로 하지 않는다. 줄기에 이끼를 붙여 그냥 공을 만들면 된다. 어차피 잎을 통해 모든 물을 얻을 수 있기 때문에 이 작업은 기능적인 것이라기보다는 미적인 것이다. 잎에는 정기적으로 물을 주고 높은 습도를 유지해 준다.

성장 조건

아에란토스가 정글의 꼭대기 쪽에서 사는 모습을 상상해보자. 부드러운 아침 햇빛을 받으면서 하루를 시작하고 대부분의 시간은 나무 틈 사이로 아롱거리는 햇빛을 받는다. 주변의 모든 나무와 식물들이 만들어내는 습기만으로도 필요한 수분을 대부분 얻을 수 있기 때문에 젖은 흙은 필요 없다. 직사광선에 노출되면 매우 빨리 화상을 입는다.

수분과 양분

아에란토스는 잎에 물주머니가 있다. 매일 분무하고, 1주일에 한 번 10분 간 공과 식물을 통째로 물에 담그자. 깊은 물에 완전히 잠기도록 해서 잎이 푹 젖을 수 있도록 한다. 물 주기가 끝나면 거꾸로 뒤집어 물이 중앙에서 흘러나오도록 한다. 안쪽에 물이 고여 있으면 금방 썩을 수 있다. 온도가 높고 햇볕이 잘 드는 방에서 기른다면 자주 분무해야 한다. 한 달에 한 번 유기질 비료를 매우 약하게 희석하여 물에 섞어서 주면, 성장의 속도도 높이고 개화도 촉진한다. 비료가 조금만 많아도 죽을 수 있으므로 주의하자.

FERNS

양치식물

Environment and care
환경과 관리

양치식물은 이파리식물의 왕이라고 해도 과언이 아니다. 이들은 다른 식물들처럼 꽃을 피우거나 씨앗을 남기는 것보다 무성하고 화려한 잎을 보여주는 데에 100% 집중하기 때문이다. 다육식물과 마찬가지로 식물 중 많은 종들이 생장 습관과 환경적 요구 사항이 비슷할 때 서로 유전적인 관련이 없더라도 양치식물로 불릴 수 있다. 그러나 미에르시는 예외다. 작은 꽃을 피우고 씨앗을 포함한 열매를 맺기 때문에 엄밀히 말해 양치식물이 아니다. 그러나 이 종은 소위 양치식물이라고 불리는 식물군 중에서 가장 인기 있는 종류다. 그러니 번식 방법이 조금 다르다고 해서 양치식물에서 제외시키지는 말자.

코케다마에서 기르려면?
양치식물은 습기를 매우 좋아한다. 대부분의 배합토에 코이어가 포함되어 있는 이유다. 코이어는 잘게 분쇄한 코코넛 껍질로 만든 것으로, 조직이 매우 조밀하고 수분을 잘 저장하는 소재다. 이것은 물을 흡수한 후 천천히 증발시켜 내뿜기 때문에 주변이 축축하고 지저분해질 일이 없다. 대부분의 양치식물을 코케다마로 만들 때는 두꺼운 이끼로 감싸는 것이 좋다. 이끼도 습기가 많이 필요하고 양치식물도 마찬가지니, 둘은 함께하기에 적당하다.

적합한 공간
양치식물은 숲 밑바닥에 살면서 큰 나무 사이로 내려오는 부드럽고 따뜻하며 여과된 빛을 쬔다. 따라서 대부분의 양치식물은 직접 내리쬐는 뜨거운 직사광선이나 빛이 전혀 없는 완전히 그늘진 어둠만 아니라면 잘 견딘다. 빛이 적게 드는 실내에 매달아 놓아도 무방하며, 습기만 충분하다면 채광이 부실한 욕실에서도 잘 자란다.

적절한 물 주기 방법
양치식물 키우기의 핵심은 매일 잊지 않고 분무하는 것이다. 특히 공을 덮는 데 생이끼를 사용했다면 양치식물과 이끼류 모두에게 매일 아침의 분무는 필수적이다. 분무할 때 사용하는 물은 섬세한 잎을 손상시키지 않도록 미네랄이 없는 증류수가 좋다. 공이 마르기 시작하면 물에 담근다. 잎 표면의 먼지를 제거하기 위해 물 속에 넣고 슬슬 헹구듯이 씻어주면 좋다. 다만 공작고사리와 같은 일부 종은 줄기가 쉽게 꺾일 수 있으니 주의한다.

103p: 매일 분무해 주면 당신의 양치식물은 행복하게 살 것이다.

Fern kokedama
양치식물 코케다마 만들기

일반적으로 숲 바닥에서 사는 양치식물은 배합토에 유기 물질과 거친 섬유가 많이 포함되어야 한다. 자연 상태에서 양치식물은 쓰러져 썩어가는 나무 밑에서 잘 자라므로, 이를 고려한 환경을 조성하자. 적당량의 코코넛 멀치는 죽은 나무와 비슷한 역할을 한다. 일반 목재 조각보다 분해하는 데 시간이 오래 걸리지만 양치식물 뿌리에 필요한 습기를 제공하는 데 적합하다. 양치식물은 작은 뿌리를 뻗어 주변을 탐사하는 경향이 있으니. 코케다마 공 안에 적당한 질감의 재료를 제공하는 것이 도움이 된다. 이끼 역시 죽은 나무를 좋아한다. 이끼와 양치식물은 이런 면에서 함께 살아가기에 좋은 친구라고 할 수 있다. 인근 숲이나 그늘진 뒤뜰에서 살아있는 이끼를 뜯어 양치식물을 살짝 감싸는 것은 양치식물 코케다마를 아름답고 건강하게 유지하는 데 더할 나위 없이 좋다.

104p: 녹색 이끼와 낚싯줄로 감싼 다발리아

1. 양치식물은 축축한 것을 좋아한다. 흙 배합 레시피 재료를 모두 섞은 다음 진흙 파이를 만든다.

2. 배합토가 공으로 잘 만들어지고 모양을 유지할 수 있도록 충분한 물을 첨가한다.

3. 양치식물 뿌리 주위에 진흙과 건더기를 섞은 공을 만든다. 공의 크기가 식물이 자라날 크기를 어느 정도 결정한다. 공이 클수록 식물도 커질 것이다.

4. 진흙 공을 이끼 위에 둔다. 야생의 이끼를 사용하는 경우 테이블 위에 녹색 면을 아래로 놓고 공을 이끼의 위에 놓는다. 포장에는 나일론이나 다른 합성 섬유를 사용한다.

Adiantum raddianum

공작고사리

과科	고사리과
유형	땅속줄기 양치식물
	(표면 포복성surface-creeping)
빛	밝게
물 주기	보통
성장 속도	보통
반려동물	동물에게 안전
주의 사항	물 부족 후의 과잉 급수

흙 배합 레시피

코이어 3

퇴비 1

펄라이트 1

공작고사리는 살아갈 위치가 적당하고 관리가 적절히 이루어지면 특유의 섬세하고 부드러운 잎으로 보답할 것이다. 비교적 튼튼한 이 식물은 물만 꾸준히 준다면 잘 죽지 않고 웬만한 어려움은 금방 이겨낸다. 만일 오랫동안 물을 주지 않아 잎이 죽었더라도 이를 만회하기 위해 물을 많이 주면 안 된다. 살아있는 줄기가 1~2개라도 남았다면 시든 잎은 과감하게 모두 잘라내자. 이렇게 하면 공작고사리는 새 잎을 틔우는 데 양분을 집중할 것이다. 만일 이 시점에 물을 듬뿍 준다면 뿌리에서부터 수분을 끌어갈 잎이 부족해 썩고 말 것이다. 그러니 새로운 생장의 징후를 보일 때까지 공 위쪽을 살짝 분부해주다가 이후에 짧게 물을 주자. 잎이 적당히 새로 나왔다면 그때부터 정상적으로 물을 준다.

성장 조건

공작고사리 역시 다른 양치식물들처럼 아롱거리는 채광을 좋아한다. 직사광선이 잎에 직접 닿으면 색이 변하지만 적당히 밝은 빛은 좋아한다. 햇빛의 양이 많이 줄어든다면 그만큼 대사량도 적어지기 때문에 이를 고려해 물을 적게 주어야 뿌리가 썩는 것을 피할 수 있다. 적당한 습기는 필요하지만 그렇다고 고여 있는 물에 뿌리가 담겨 있는 것은 좋지 않다. 이 식물은 춥고 건조한 환경에 취약하며 냉해를 입으면 축 처진다. 자연 상태에서는 땅 바로 아래에서 포복성 줄기를 뻗어 싹을 틔우므로, 인내심을 갖고 잘 돌본다면 코케다마에서도 생기 넘치는 초록의 싹을 멋지게 선보일 것이다.

수분과 양분

공이 완전히 마르도록 두어서는 안 된다. 소량의 물을 자주 분무해 수분을 유지하는 것이 중요하다. 공작고사리는 잎에 물을 분무하거나 물로 살짝 씻어내는 것을 좋아한다. 새로 잎을 틔우려면 정기적으로 비료도 주어야 한다. 절반 농도의 액체 유기질 비료를 여름에는 2주에 한 번, 겨울에는 1주에 한 번 정도 준다. 엡섬염 Epsom salts 1~2숟가락을 물 4.5리터에 녹여 6개월에 한 번씩 사용하면 잎의 색이 예뻐진다.

Asparagus densiflorus 'Myersii'

미에르시

과科	백합과
유형	땅속줄기를 가진 다년생
빛	밝게
물 주기	많이
성장 속도	보통 – 빠름
반려동물	매우 유독함
주의 사항	낙엽

흙 배합 레시피

퇴비 2

배합토 1

코이어 1

코코넛 멀치 1

110p: 미에르시와 다발리아가 휴식 공간에 걸려 있다. 111p: 다발리아와 보스턴 고사리가 평화로운 테이블 위를 장식하고 있다.

미에르시는 엄밀히 말해 양치식물이 아니며, 친척뻘인 식용식물 아스파라거스를 생산하지도 못한다. 사실 이 식물은 백합의 친척이다. 그러나 양치식물과 무척 비슷하게 생겼고 습성도 유사하므로 양치식물에 분류해 두었다. 다른 식물과는 달리 미에르시는 공간이 좁다고 해서 작게 자라지 않는다. 코케다마 형태로 매달아 두는 것은 활발한 생장을 어느 정도 억제하겠지만, 생장기 기준으로 수분과 양분을 제공하면 계속해서 더 크게 자랄 것이다. 코케다마의 공 크기보다 식물이 더 크게 자라기 시작하면 요구하는 물의 양을 맞춰줄 수 없다. 따라서 싱그럽게 유지할 정도로만 물을 주자. 빠르게 잘 자라는 성향을 감안하여, 처음 공을 만들 때 존재하는 잎의 양과 유지하고 싶은 크기를 고려하자.

성장 조건

간접 채광이 있고 습도가 높은 욕실에 두면 가장 좋다. 상식적인 범위 내에서 조금 적거나 많은 빛에 적응할 수 있다. 너무 어두우면 줄기가 길쭉하고 못생겨지며 잎이 띄엄띄엄 난다. 직사광선이 너무 많으면 잎에 화상을 입는다. 하지만 그 중간이라면 대체로 문제가 없다. 실제로는 엽상경이지만 솔잎을 닮은 자그마한 잎을 가지고 있는데, 문제가 생기면 이 잎 모양의 줄기를 아무 때나 떨어뜨리곤 한다.

수분과 양분

길고 덤불 같은 울창한 잎을 가지고 있기 때문에 많은 물을 필요로 한다. 앞서 언급했지만 물을 충분히 주되 몸통이 커지지 않도록 너무 많은 양의 물을 주지 않는다. 비료를 줄 때 역시 이 점을 염두에 둔다. 설명서에 있는 권장량의 절반만 주면 된다. 영양분이 너무 풍부해서 코케다마의 공 크기보다 몸통이 커지면 미에르시는 금방 말라서 죽어버릴 것이다.

Asplenium nidus

아스플레니움 니두스

과科	꼬리고사리과
유형	로제트 형성 양치식물
빛	보통
물 주기	보통
성장 속도	보통
반려동물	동물에게 안전
주의 사항	과잉 급수 시 중심부 부패

흙 배합 레시피

퇴비 3
코코넛 멀치 1
코이어 1

아스플레니움 니두스는 윤이 나고 싱그러운 잎이 옹기종기 모여 위쪽으로 펼쳐지는 로제트를 형성한다. 코케다마로 만들었을 때 매우 멋진 이유다. 몸통의 크기도 클뿐더러 잎 역시 커서 그 위에 먼지가 쌓이기 쉽다. 먼지를 제거하기 위해서는 부드러운 천을 이용해 잎을 닦거나 물로 샤워하는 방법이 있다. 잎 전체를 담글 수 있는 용기를 준비해 물을 채우고 그 속에서 잎을 부드럽게 헹구는 것도 좋다. 어떤 방법을 사용하든 물의 온도는 미지근하게 유지한다.

성장 조건

자연 상태라면 열대우림의 나무 위나 아래에서 자생하는 아스플레니움 니두스는 온화한 환경을 좋아한다. 무성한 잎을 싱그럽게 유지시키려면 부드러운 간접광을 제공하자. 욕실이나 복도 등, 빛이 직접 들지 않는 창문 근처에 매달면 좋다. 찬 공기는 직접 닿지 않도록 조심해야 한다. 조금 찬 곳에서 죽는 것은 아니지만 따뜻한 실내에 비해서는 확실히 덜 자란다. 습기는 매우 중요하다. 만일 제습기나 에어컨 근처에 두면 금방 말라 죽는다.

수분과 양분

공이 바싹 마르지 않도록 성장기에는 자주 물을 준다. 충분한 습기를 공급하는 것이 중요하다. 자주 분무해 주는 것도 좋다. 지나칠 때마다 한 번씩 물을 뿌려 줄 수 있도록 분무기를 근처에 두자. 중심부에는 물이 고이지 않도록 한다. 잎이 하루 이상 물에 직접 닿아 있으면 썩기 시작한다. 성장기에는 한 달에 한 번 물에 액체 비료를 섞어 주면 충분하며, 가을이나 겨울철에는 딱 한 번만 비료를 준다. 겨울철에는 물을 줄인다. 휴면기 동안 물이 조금 부족해도 잘 살지만 계속 견디지는 못한다.

Davallia trichomanoides

다발리아

과科	넉줄고사리과
유형	땅속줄기 양치식물
	(표면 포복성surface-creeping)
빛	보통
물 주기	보통
성장 속도	보통 – 빠름
반려동물	동물에게 안전
주의 사항	없음

흙 배합 레시피

퇴비 3

코코넛 멀치 1

코이어 1

다발리아는 매우 개성이 강한 식물이다. 이것은 독거미처럼 털이 숭숭 난 요상한 땅속 뿌리줄기를 가지고 지표를 기어 다닌다. 이 식물은 '토끼 발' 이외에도 '다람쥐 발'이나 '야생 토끼'에도 비유된 바 있지만, 포복성 줄기는 사실 거미 다리를 가장 닮은 것 같다. 코케다마에 매달려 있으면 이 포복성 줄기가 땅 쪽으로 늘어뜨려진다. 그대로 내버려두거나 뿌리를 내릴 수 있도록 줄기로 이끼 공 부분을 감아 주어도 좋다. 코케다마 공 외부에 남겨둔 줄기는 뿌리 없이도 새 잎을 틔울 수 있다. 야생미 넘치는 덩굴손과 털이 보송한 양치식물 잎의 조화는 꽤나 화려한 장관을 연출할 것이다.

성장 조건

다발리아는 높은 습도와 따뜻한 온도를 필요로 한다. 자연 상태에서는 보통 숲속 큰 나무 밑동 근처에 살며 썩은 낙엽을 분해하는 경향이 있다. 따라서 유기물질의 함량이 높은 퇴비 또는 배합토를 이용하자. 물이 고이지 않는 선에서 뿌리 주변에 습도를 유지하는 것이 매우 중요하다. 코이어는 물을 머금고 있다가 천천히 뿌리로 되돌려주기 때문에 적합하다.

수분과 양분

흙을 축축하게 유지하려면 정기적으로 코케다마를 통째로 물에 적셔 준다. 다만 한 번 적시고 나면 다음에 물을 주기 전에 조금 마르도록 한다. 물에 너무 자주 담그는 대신 일상적으로 분무기로 물을 뿌려주는 편이 잎을 건강하게 유지하는 데 좋다. 분무기를 근처에 두고 지나갈 때마다 뿌려주자.

해초 추출물 등 액체 유기질 비료를 절반 농도로 사용한다. 여름에는 규칙적으로 비료를 준다. 한 달에 한 번 정도면 적절하다. 뿌리가 썩는 것을 피하기 위해 겨울에는 빈도를 줄인다. 생장기에는 잎에 직접 비료를 뿌려주는 것도 좋지만 겨울철에는 삼간다. 분무기에 물과 비료를 섞어 뿌려 주면 된다.

TREES AND SHRUBS

교목과 관목

Environment and care
환경과 관리

키가 큰 나무인 교목은 일반적으로 비바람에 그대로 노출되는 야외에서 자생한다. 따라서 실내에서 키울 교목을 고를 때는 몇 가지 주의할 점이 있다. 열매를 맺는 나무는 꽃이 수분되어야 한다. 이것은 꽃이 필 동안 곤충이 수분을 도와야 한다는 것을 의미한다. 따라서 매년 개화기에 바깥에 내어 두어야 한다. 레몬나무를 부엌 창가에서 기르면 얼마나 멋질까 생각할 때 이 점을 반드시 고려하자. 한편, 대다수의 나무는 낙엽목이다. 겨울에 잎이 떨어진다. 바람이 잘 통하는 거실에 관상수를 두면 어떨까 생각한다면 바닥이 온통 낙엽으로 덮여도 상관없는지, 잎이 다 지고 가지만 앙상한 나무가 거실의 인테리어에 잘 어울리는지 미리 고려하자.

코케다마에서 기르려면?

코케다마로 만든 나무는 뿌리의 특성 상 일정한 크기 이상으로 자랄 수 없다. 나무는 잎이 많고, 잎의 숨구멍을 통해 수분의 증발도 활발하므로 상당량의 물을 필요로 한다. 따라서 가능한 한 큰 공을 만들고 최대한 많은 이끼를 사용하자. 일반적으로 배합토는 유기질이 풍부한 산성이다. 나무가 필요로 하는 영양소를 충분히 얻으려면 미생물이 자연적인 분해 과정에서 만들어내는 부산물이 필수적이다. 물론 부산물이 없다고 나무가 죽지는 않지만 전반적으로 약하고 병충해에 대한 저항력도 낮아질 수는 있다.

적합한 공간

나무는 일반적으로 빛을 매우 많이 필요로 하며 매일 몇 시간 동안 직사광선을 받아야 한다. 특별히 그늘을 좋아하는 나무를 기르려는 것이 아니라면 집 안에서 가장 밝은 방안에 두어야 한다.

적절한 물 주기 방법

나무가 너무 크고 성가시다면, 부드러운 플라스틱으로 된 양동이인 플렉시텁이나 커다란 물통에 넣어 급수한다. 일단 자리를 잡으면 양동이에 물을 넣어 공이 흡수할 수 있도록 하는 것으로 충분하다. 충분히 물을 빨아들인 것 같으면 양동이 아래 괴었던 의자는 치우되 양동이는 그대로 두어 떨어지는 물을 받을 수 있도록 한다. 정기적으로 분무를 하면 나뭇잎에 먼지가 쌓이는 것을 줄일 수 있다. 종종 샤워기나 호스를 이용해 미지근한 물로 씻어내는 것도 좋다. 여름에는 한 달에 한 번 양질의 액체 유기질 비료를 물통에 넣어 준다. 그러나 겨울에는 주지 않는 것이 좋다.

119p: 올리브나무를 담아 둔 통에 액체 유기질 비료를 첨가하고 있다.

Tree kokedama

교목 코케다마 만들기

커다란 나무를 코케다마로 만들려면 경
험과 기술이 필요하다. 세심한 계획과 손
재주가 필요한 일이다. 공이 무너지는 것
을 막기 위해 합성 섬유로 된 노끈을 이
용한다. 약 2미터 길이로 자른 노끈을 네
가닥 준비한다. 각 가닥의 중간점에서 네
가닥을 함께 묶는다. 땅에 매듭을 놓고
끝 부분을 방사형으로 펼친다. 매듭 위에
큼지막한 코코넛 섬유 매트를 펼치고 물
에 적신 수태로 덮는다. 화분에서 나무를
들어내어 조심스럽게 뿌리를 풀어낸다.
새롭게 자라나는 뿌리가 상하면 나무가
죽을 수 있으므로 조심하자.

120p: 단풍나무를 코케다마로 만들기 위한 준
비 과정

1. 나무를 제자리에 놓고 뿌리 공 주위에 배합토를 쌓는다. 이끼로 뿌리와 배합토 윗부분을 덮는다. 단단히 고정되고 공에 부착될 수 있도록 꼭 덮어준다.

2. 계속 이끼를 덮어 준다. 공 위쪽을 함께 묶었을 때 빈틈이 없을 만큼 코코넛 섬유 매트로 덮어준다.

3. 초반에 바닥에 펼쳐 두었던 끈을 한 쌍 들고 서로 묶어 준다. 이 부분이 단순해 보이면서도 무척 까다롭다. 섬유 매트를 사용해 안에 든 것을 지탱해야 한다.

4. 남아 있는 끈으로 과정을 반복한다. 너무 길면 한 번 더 감거나 남는 부분을 잘라낸다. 이 끈을 사용하여 공이 단단하게 고정될 때까지 감아 준다. 끈을 자르고 끝부분을 공 속으로 찔러 넣는다.

Acer palmatum

단풍나무

과科	무환자나무과
유형	낙엽수
빛	하루 종일 완전 채광
물 주기	많이
성장 속도	매우 느림
반려동물	동물에게 안전
주의 사항	과잉 급수, 물 부족

흙 배합 레시피

퇴비 2

코이어 4

워터 크리스탈 1

단풍나무는 전 세계의 정원에서 볼 수 있는 많은 역동적인 나무들 중에서도 단연 돋보이는 종류일 것이다. 잎은 매력적이고 색채는 화려하고 독특하다. 일반적으로는 담장 안의 정원에서 키운다. 같은 종 안에서도 다양한 유형이 있으며, 특히 이 책에 소개하는 단풍나무는 실내에서 기르면 다양한 경험을 선사한다. 봄에는 새 잎이 돋으면서 흥미로운 생명의 활동을 보여준다. 여름에는 싱그러운 초록 또는 보라색의 잎이 갈기처럼 뒤덮인다. 가을에는 잎이 주황으로 물이 들기 시작하다가 분홍과 빨강의 다채로운 색채가 뒤따른다. 겨울 휴면기에 들어서면 앙상한 나뭇가지 그 자체가 우아한 조형미를 뽐낸다.

성장 조건

자연 상태에서는 야외에서 날씨의 변화에 노출된 채 살아가므로, 코케다마로 만든 단풍나무가 살아갈 실내의 환경이 이에 적합한지 먼저 확인하자. 가장 중요한 것은 빛이다. 여름에는 매일 6-8 시간의 햇빛이 반드시 필요하다. 이 점을 염두에 둔다면, 천장이 높고 커다란 채광창이 달린 방이 적합하다. 한편, 창밖이나 베란다에 두어도 괜찮지만 찬 서리로부터의 보호는 필요하다.

수분과 양분

봄철에는 잎을 틔우기 위해 물이 매우 많이 필요하다. 또한 이 시기에는 양분 역시 많이 필요하다. 잎이 모두 풍성하게 자랐다면 잎의 증산 활동을 통해 잃어버리는 수분을 보충하기 위해 또 많은 양의 물을 필요로 할 것이다. 수분이 부족하면 잎이 일찍 떨어질 수 있다. 야생에서는 가뭄 상태에 노출될 일이 별로 없다. 가을이 되어 단풍이 들기 시작하면 물과 비료의 양을 줄인다. 잎이 모두 지고 나면 비료나 물은 필요가 없지만, 완전히 마르도록 두어서는 안 된다.

Citrus x limon 'Meyer'

레몬나무

과科	운향과
유형	상록과실수
빛	하루 종일 완전 채광
물 주기	보통
성장 속도	느림
반려동물	동물에게 안전
주의 사항	뿌리 부패, 지제부 부패, 바이러스 성 질병, 충해

흙 배합 레시피

퇴비 3

코이어 1

배합토 2

펄라이트 1

워터 크리스탈 1

지효성 유기 비료 1

주로 열매를 목적으로 재배되는 레몬나무는 사시사철 보기 좋은 나무이기도 하다. 광택이 있는 짙은 녹색의 향기로운 잎을 갖고 있는, 1년 내내 풍성한 상록수이기 때문이다. 레몬나무는 추위에 약하다. 뿌리 주변이 습한 것을 좋아하지만 물이 고이면 썩기 쉬우므로 공중에 매다는 코케다마에 적합하다. 과실수인 만큼 개화기에 수분할 수 있도록 밖에 두는 것이 좋겠지만, 창을 활짝 열어두는 것으로도 충분하다. 혹은 당신이 직접 수분을 도와도 좋다. 시중에 나와 있는 자가 수분을 위한 책을 참조하자.

성장 조건

배수가 잘 되고 질소가 풍부한 약산성 토양이 좋지만 퇴비나 배합토는 꼭 시트러스류 전용을 쓰자. 레몬나무는 다른 종류의 뿌리에 꺾꽂이 되어 있는 경우가 많으므로 뿌리의 부패를 막기 위해 접목부가 공 바깥에 나와 있는지 확인한다. 소량의 펄라이트를 첨가하면 배수가 원활해져 시트러스류의 일반적인 뿌리 부패 문제를 완화할 수 있다. 매달아 두면 물이 고이거나 더러운 이물질이 쌓이는 것을 방지할 수 있어 좋다. 공기가 잘 통하면 나무 주변이 훨씬 깨끗하고 신선하게 유지된다.

수분과 양분

봄철의 성장기를 제외하고는 레몬나무는 1년 내내 같은 양의 물을 필요로 한다. 공 표면이 살짝 말랐다 싶으면 다시 적셔주자. 뿌리 성장은 느린 편이므로 합성섬유나 나일론 줄로 보강해 주면 좋다. 물고기 또는 해조류 추출물이 포함된 질소가 풍부한 비료가 필요하다. 마그네슘 결핍증을 앓으면 잎이 노랗게 변할 수 있다. 약간의 엡섬염을 가끔 물에 섞어 주면 이런 황변현상을 예방할 수 있다. 열매 맺는 동안에는 물과 양분이 추가로 필요하다. 물이 부족하면 열매 맺기 어려우며, 충분한 물이 공급되면 다시 정상적으로 자랄 것이다.

Corokia cotoneaster
코로키아 코토네아스테르

과科	아르고필룸과
유형	상록관목
빛	밝게
물 주기	보통 – 많이
성장 속도	느림
반려동물	동물에게 안전
주의 사항	과잉 급수

흙 배합 레시피

퇴비 2

코이어 2

배합토 2

펄라이트 1

코로키아속은 북반구에서 널리 재배되고 있지만 사실 출신은 뉴질랜드다. 직사광선을 충분히 받을 수 있는 야생에서는 크고 빽빽하게 자라겠지만 코케다마로 만들면 성장이 더뎌 처음의 크기를 유지한다. 가늘지만 아름다운 나뭇가지는 풍성한 진녹색의 잎으로 덮여있다. 그래서 잎이 크고 무성한 식물을 두었더라면 답답할 수도 있는 작은 공간에 섬세한 개성을 부여하기에 적합하다. 이따금 매우 작은 새순이 돋아 나뭇가지로 성장할 수는 있으나 기본적으로는 매우 작은 크기를 유지한다. 코로키아속 식물들은 밝은 구석 한켠이나 볕이 잘 드는 베란다에서 키우는 것이 좋은데, 밝지만 빛이 적당히 가려지는 곳을 선호하기 때문이다. 한편 모퉁이 창문가에 매달아도 무척 예쁘다. 비틀린 나뭇가지 그림자가 방안에 강렬하게 쏟아져 아름답다. 코로키아속은 상록수로 겨울철에 잎을 유지하지만, 오래된 잎은 1년 내내 떨어트리는 경향이 있으니 주의하자. 이는 상록수나 상록관목에게 일반적인 현상이다.

성장 조건

빛이 잘 들어오는 곳이나 부분적으로만 살짝 그늘이 진 곳에 적합하다. 낮 시간의 절반 정도만 빛을 받아도 되지만 여름철에는 8시간 정도 직사광선을 쬐는 것이 좋다. 관목인 만큼 기후가 온화한 지역에서 발생할 수 있는 다양한 날씨 변화에 적응할 수 있다. 다만 겨울에 춥고 여름에 덥지 않고 서늘한 기후라면 작은 노란 꽃을 피우기 어려울 수 있다. 아름다운 꽃을 얻고 싶다면 여름과 겨울에 모두 최대 4주 정도 바깥에 내어 두는 것이 좋다. 다만 서리는 피하도록 한다.

수분과 양분

잎은 작지만 수가 많아 상당량의 물을 필요로 한다. 여름에는 물에 담그기 전에 공 표면이 말랐다 싶을 때까지 기다린다. 겨울에는 잎이 적고 수분도 그만큼 적게 요구하는 만큼 약간 더 마르도록 두어도 된다. 뿌리의 성장은 느린 편이므로 합성 노끈이나 나일론 낚싯줄로 보강해 주면 좋다.

Olea europaea

올리브나무

과科	물푸레나무과
유형	상록과실수
빛	하루 종일 완전 채광
물 주기	보통 – 많이
성장 속도	느림
반려동물	동물에게 안전
주의 사항	실내에서 열매 맺기

흙 배합 레시피

퇴비 2
코이어 1
배합토 3
워터 크리스탈 1
지효성 유기 비료 1

올리브나무의 기원은 확실치 않지만 올리브의 열매는 고대부터 지중해의 필수 작물이었다. 약 30종의 올리브가 있지만, 가장 흔한 것이 이 품종이고, 이 종에 속한 다양한 열매들은 서로 맛이 미묘하게 다른 과일로 알려져 있다. 이 책에 소개하는 올리브나무는 가죽과 같은 질감의 밑면에 은빛이 도는 회녹색 잎과 느리지만 풍성하게 자라는 생장 습관 덕분에 흰색 톤의 깔끔한 공간을 장식하는 데 더할 나위 없이 좋다. 절제된 색 조합을 완성하는 것은 바로 부드러운 회색 껍질이다. 따라서 코케다마로 만들 때 자연 색조의 끈이나 투명한 낚싯줄을 사용하여 원래 이 나무가 갖고 있는 절제된 아름다움을 해치지 않도록 한다.

성장 조건

올리브나무는 척박한 땅에서도 잘 자라지만 흙의 상태가 좋은 것은 성장에 도움이 된다. 실내에서 올리브나무를 키울 때 어려운 점은 과일을 얻는 것이다. 올리브나무 자체는 따뜻하고 건조한 실내에서 잘 자라겠지만 열매를 맺기 위해서는 겨울철의 추위와 여름철의 길고 더운 환경에 충분히 노출되어야 한다. 서리가 내리지 않는 한에서 겨울철 몇 주 정도 바깥에 내어 두면 꽃을 피우기에는 충분한 환경이 된다. 다만 열매를 맺고 익으려면 매일 8시간 이상 직사광선을 쬐어야 한다. 그리고 실내에서 키우는 올리브나무 한 그루에서 1년에 수확할 수 있는 열매가 기껏해야 한 줌이라는 것을 고려한다면 너무 많은 노력을 쏟을 필요는 없다. 관상수로도 충분히 멋지기 때문이다.

수분과 양분

공이 거의 완전히 말랐을 때 물에 적신다. 과잉 급수는 금물이다. 건조하고 척박한 땅에서 잘 자라므로 물이 너무 많으면 뿌리가 썩을 뿐이다. 올리브나무를 건강하게 유지하려면 계절마다 가볍게 비료를 주는 것이 좋다. 절반 농도의 액체 유기질 비료를 1년에 4회 공급하자.

HERBS

허브

Environment and care
환경과 관리

허브는 종류도 매우 다양하고, 키우기 어려운 품종이 많다. 그래서 이 책에는 요리용으로 쓸 수 있는 허브만 포함했다.

허브 코케다마의 가능성은 무궁무진하다. 다만 고려해야 할 것은 바질과 같은 일부 허브의 경우, 키우는 데 필요한 빛과 물의 양을 생각하면 도저히 코케다마로 만들 수 없는 것도 있다는 것이다. 따라서 나뭇결 같은 줄기를 갖는 다년생 허브를 고르는 편이 좋다. 너무 빨리 성장하는 허브를 선택하면 즐길 수 있는 시간도 짧을뿐더러 코케다마로 만들기 어려운 경우도 있으므로 보람이 없을 것이다.

132p: 대규모의 허브 가든에는 물을 직접 뿌려 주자.

133p: 허브는 충분한 빛을 필요로 한다. 실내가 충분히 밝지 않은 경우 볕이 잘 드는 야외로 옮겨 주자.

코케다마에서 기르려면?

허브는 본질적으로 수확을 위한 식물이므로 여타의 작물을 재배할 때와 마찬가지로 취급해야 한다. 유기질 비료뿐만 아니라 많은 양의 햇빛을 필요로 하며, 쏟은 애정에 비례하여 수확할 수 있다는 점을 명심하는 것이 좋다. 주방에서 식재료로 사용할 허브를 기르는 것이라면 더욱 식물의 영양 상태를 주의 깊게 살펴야 한다. 양질의 액체 유기질 비료를 절반 농도로 희석해서 보관하고 수시로 조금씩 주자.

적합한 공간

매일 8시간 정도의 채광이 필요하다. 허브는 생장의 대부분을 햇빛에 의존한다. 따라서 빛이 부족하면 시들시들하고 연약해진다. 급수와 관리, 수확이 모두 용이한 주방 창문 바깥에 걸어 두면 좋다. 부엌 창가가 여의치 않다면 베란다에 두거나 집에서 가장 볕이 잘 드는 쪽 모퉁이에 두어도 좋다. 실내에서 기르는 허브는 충분한 햇빛을 받을 수 있는 곳에 두어야 살 수 있다.

적절한 물 주기 방법

물이 아래로 뚝뚝 떨어지기 시작할 때까지 공 꼭대기에 부어 주면 된다. 뿌리가 마르지 않도록 자주 물을 주자. 뿌리가 건조하면 허브는 한꺼번에 꽃을 피운 후 죽을 수도 있다. 튼튼한 다년생 식물의 경우 뿌리가 조금 건조하다고 해서 심각하게 반응하지는 않지만, 물은 적은 것보다는 많은 편이 낫다는 것을 기억하자.

건조한 환경에서 자란 허브는 먹으면 쓴 맛이 난다.

Herb garden kokedama
허브 가든 코케다마 만들기

이 장에서는 세 종류의 허브를 하나의 코케다마로 만들어본다. 가장 중요한 것은 세 종류 모두 잘 살 수 있는 허브를 고르는 것이다. 간단한 해결책은 흙이나 살아가는 환경이 비슷한 동일한 과科 내의 3개의 유사한 허브를 선택하는 것이다. 오레가노의 경우 장식적인 효과가 돋보이는 품종으로 개량되어 시중에서 구입할 수 있다. 혹은 가드닝 전문가와 의논하여 함께 키울 수 있는 허브를 추천 받는 것도 방법이다.

코케다마로 만들기 위해서는 가장 먼저, 화분에서 허브를 들어내고 흙을 털어낸다. 세 종류의 식물 뿌리를 부드럽지만 단단히 서로 묶는다. 한 단위로 취급할 수 있을만큼 안정적으로 묶는 것이 좋다. 그러나 끈을 너무 단단히 묶어서 연약한 뿌리를 손상시키면 안 된다. 어린 허브는 매우 부드러운 뿌리를 가지고 있으므로 과도하게 다루는 경우에는 해를 입을 수 있다. 다음 단계부터는 이 책의 앞에서 서술했던 요령을 따라 포장하되 세 종류의 식물을 한 덩어리로 취급하면 된다. 세 종류이니 여타의 코케다마보다 상당히 큼직한 공이 완성될 것이다. 잎을 식용하고 싶다면 그만큼 충분한 양분을 제공해야 한다는 것을 기억하자. 배합토는 풍부하게 사용한다. 물과 양분을 놓고 경쟁하는 세 가지 식물이 있다는 점을 염두에 두자. 최종적으로 만들어지는 공은 위쪽 노출된 부분이 꽤 넓은 것이 좋다. 그래야 물을 뿌리는 것이 쉬워진다. 증발에 의한 수분 손실로부터 공 내부를 보호하기 위해 이끼는 매우 두껍게 감싸는 것이 좋다. 집이 건조한 경우에는 두꺼운 이끼 위에 코코넛 섬유층을 덧대어 준다.

134p: 한데 묶인 허브. 이제 이 식물들을 하나의 개체처럼 취급할 수 있다.

135p: 타임, 마조람, 오레가노로 만든 허브 가든 코케다마

Origanum vulgare

오레가노

과科	꿀풀과
유형	향기가 있는 다년생 식물
빛	밝게
물 주기	보통
성장 속도	보통
반려동물	동물에게 안전
주의 사항	영양 실조

흙 배합 레시피

퇴비 1

배합토 2

코이어 2

펄라이트 1

오레가노는 박하의 일원으로 더운 날씨를 좋아한다. 야생 마조람으로도 알려진 오레가노는 잎이 무성한 지피地皮식물이다. 따라서 코케다마로 만들면 공의 가장자리를 따라 잎을 늘어뜨려 멋지게 변한다. 가끔 공이 건조해도 견디지만 뿌리가 축축해지는 것은 견디지 못한다. 볕이 잘 드는 부엌의 창문에 걸어 놓고 피자를 구울 때 잎을 몇 장 뜯어 사용한다면 좋을 것이다.

성장 조건

하루 종일 밝은 빛 아래 두는 것이 좋다. 배합토에 양분이 많을 필요는 없고, 코이어는 포함되는 것이 좋다. 뿌리에 물이 고여 축축하지 않도록 펄라이트를 추가해 배수가 잘 되도록 한다.

수분과 양분

많은 양의 물을 필요로 하는 것은 아니며, 따라서 물에 담그는 것보다는 매일 아침 분무해주는 것이 좋다. 공이 너무 건조하다 싶으면 물에 적시고 겨울에는 조금 건조해도 상관없다. 봄철에 싱그럽게 유지하려면 절반 농도의 액체 비료를 2주에 한 번 공급하는 것이 좋다. 겨울에는 비료를 주지 말고, 나머지 계절에는 양질의 액체 유기질 비료를 사용하도록 하자.

Rosmarinus officinalis

로즈마리

과科	꿀풀과
유형	향기가 있는 상록 관목
빛	밝게
물 주기	보통
성장 속도	보통
반려동물	동물에게 안전
주의 사항	영양 실조

흙 배합 레시피

퇴비 3

배합토 2

코이어 2

펄라이트 1

로즈마리는 어린 '픽시 요정'과 같은 매력을 지니고 있다. 말쑥하고 단정하지는 않지만 사랑스럽게 꼬불거리고 삐죽 나온 가지에는 작은 진녹색 잎이 잔뜩 매달려 있다. 겨울철이 충분히 춥다면, 봄에 줄기 전체에 흰색에서 분홍색과 푸른색에 이르는 조그만 꽃을 덩어리로 피운다. 만약 실내에서 꽃을 피울 수만 있다면 상당히 아름다운 모습일 것이다. 겨울철에 몇 주 바깥에 내어 두는 것으로 봄철 개화를 유도할 수 있다. 로즈마리는 나뭇가지 같은 줄기 덕분에 노력하지 않아도 탁월한 조형미를 가지며, 벨벳 같은 흰 줄기에 밝은 초록색 새순이 돋을 때도 아름답다.

성장 조건

하루 종일 밝은 빛 아래 두는 것이 좋다. 햇볕이 잘 드는 부엌 창문은 로즈마리를 키우는 데 안성맞춤이다. 로즈마리는 매우 튼튼하고 유용한 허브다. 꽃을 피우려면 겨울철의 추위가 필요하지만 그렇다고 완전히 얼어붙을 정도로 추운 것을 선호하지는 않는다. 그러니 겨울철에는 옥상 처마 밑처럼 어느 정도 가려지는 높은 곳에 매달아서 서리를 방지한다.

수분과 양분

더운 여름에는 뿌리 주변이 습한 것을 선호하므로 공을 손으로 만졌을 때 조금 축축한 상태일 때 물을 준다. 겨울철에는 물 주기 사이에 공이 완전히 마르도록 한다. 로즈마리 코케다마에서 가장 중요한 점은 로즈마리가 많은 양분을 필요로 한다는 점이다. 따라서 절반 농도의 비료를 2주마다 공급해주자. 양질의 액체 유기질 비료를 사용하는 것이 좋다. 하지만 겨울에는 비료를 주면 안 된다.

Thymus vulgaris

타임

과科	꿀풀과
유형	향기가 있는 키 작은 관목
빛	밝게
물 주기	보통
성장 속도	보통
반려동물	동물에게 안전
주의 사항	영양 실조

흙 배합 레시피

퇴비 1

배합토 2

코이어 2

펄라이트 1

타임은 상록 지피식물로, 야생에서는 관목으로 자란다. 매우 향기롭고 귀여운 회녹색의 잎을 갖고 있다. 타임은 오레가노처럼 민트과科의 일원이며 지중해 연안에서 자생하기 때문에 건조함을 잘 견디는 편이다. 오레가노와 함께 코케다마로 만들어 창가에 두고 키우기에 적합하다. 친척뻘인 두 허브는 생장 조건이 비슷할 뿐만 아니라 맛과 향의 궁합도 좋다.

성장 조건

오레가노와 마찬가지로, 타임도 하루의 대부분을 밝은 빛 아래에 있을 때 가장 잘 자란다. 유기물질이 적은 잘 배수되는 흙을 선호한다. 배합토에 펄라이트를 첨가하는 것으로 배수를 좋게 해줄 수 있다. 퇴비를 추가하여 필요한 양분을 공급하자. 수확을 위한 식물인 만큼 척박한 환경에 두지 않는 편이 좋다.

수분과 양분

자연 상태에서 타임은 남부 유럽의 뜨겁고 마른 땅에서 자란다. 비교적 긴 건기에 익숙한 식물이다. 따라서 규칙적으로 물을 주면 좋지만 뿌리가 너무 푹 젖으면 썩기 쉽다. 매일 아침 분무를 통해 이슬을 맞는 것과 비슷한 환경을 만들어 주자. 공을 만졌을 때 말랐으면 물에 적신다. 활동이 느려지는 겨울철에는 여름에 비해 공이 조금 더 말랐을 때 물을 준다. 봄철에는 타임의 싱그러움을 유지하기 위해 절반 농도로 양질의 액체 유기질 비료를 2주에 한 번 공급한다.

Shop Guide

코케다마를 구입할 수 있는 숍

영국

CROCUS
www.crocus.co.uk

영국에서 가장 큰 가드닝 관련 온라인 숍

DOTTED LINE WORKSHOPS
www.dottedlineworkshops.com

런던에 위치한 워크숍 플래닝 업체. 정기적인 코케다마 레슨 개최, 관련 도구 판매

LONGACRES
www.longacres.co.uk

식물, 노끈, 비료, 도구, 부자재 총망라

RAREPLANTS
www.rareplants.co.uk

지역 가드닝 숍에서 쉽게 찾아볼 수 없는 새롭고 희귀하고 주목할 만한 식물 취급

ROWAN GARDEN CENTRE
www.rowangardencentre.co.uk

다양한 종류의 식물과 부자재 취급. 화분, 공구도 판매

TRANQUIL PLANTS
www.tranquilplants.co.uk

코케다마 워크숍 전문 업체

TRIANGLE NURSERY
www.trianglenursery.co.uk

플로리스트 용품 취급. 다양한 품종, 색상, 크기의 이끼 공급

TWOOL
shop.twool.co.uk

수입 황마를 대체할 수 있는 영국산 양모 끈. 다양한 종류의 노끈과 도구 판매

미국

JOSH'S FROGS
www.joshsfrogs.com

이 책에서 사용한 이끼를 공급한 업체

PISTILS NURSERY
shop.pistilsnursery.com

식물 애호가들의 천국. 코케다마, 각종 식물 판매

REPOTME.COM
www.repotme.com

난초, 분재, 이끼, 미디어, 재료, 도구, 잡화

ZOO MED
zoomed.com

다양한 테라리움 용품을 취급하는 온라인 숍

뉴질랜드

BATH BOUTIQUE
www.bathboutique.co.nz

코케다마와 노끈 판매

PAPER PLANE STORE
www.paperplanestore.com

이 책에 포함된 모든 도구와 장비 제공. 도자기 그릇 판매

PICKLED WHIMSY
www.pickledwhimsy.co.nz

이 책의 저자가 설립한 가드닝 디자인 관련 온라인 숍. 코케다마, 테라리움, 노끈, 이끼, 도자기 판매

호주

AUSTRALIAN ORCHID NURSERY
www.australianorchids.com.au

다양한 이끼 판매

LIVING ARTE
www.livingarte.com.au

멜버른에 위치한 코케다마 판매 숍

유럽

BAKKER
www.bakker.com

전 유럽으로 배송할 수 있는 가드닝 용품 온라인 숍

KOKEDAMA ARTE
www.art-du-kokedama.fr

프랑스에 본사를 둔 코케다마 관련 용품 온라인 숍

LUCKY REPTILE
www.luckyreptile.com

독일 기반. 뉴질랜드 이끼와 테라리움 판매

WE SMELL THE RAIN
wesmelltherain.com

암스테르담 기반. 다양한 가드닝 용품 판매

Hanging
KOKEDAMA

코케다마

초판 1쇄 2019년 2월 1일

지은이 코랄리 파커
옮긴이 김유라

발행인 전재국
대표 정의선
편집 김주현 │ 책임편집 윤형주 │ 디자인 김주리
마케팅 사공성, 강승덕, 황재아 │ 제작 이기성

발행처   북커스
출판등록   2018년 5월 16일 제406-2018-000054호
주소   경기도 파주시 문발로 171 (문발동, 북씨티)
전화   영업 031-955-6980 편집 031-955-5981
팩스   영업 031-955-6988 편집 031-955-6979

값 17,000원
ISBN 979-11-964319-6-9-13520